陕西省自然资源图集

陕 西 省 地 质 调 查 院
中国地质调查局西安地质调查中心 编

西安地图出版社

图书在版编目（CIP）数据

陕西省自然资源图集 / 陕西省地质调查院，中国地
质调查局西安地质调查中心编 . -- 西安 : 西安地图出版
社 , 2020.9
　ISBN 978-7-5556-0652-9

　Ⅰ . ①陕… Ⅱ . ①陕… ②中… Ⅲ . ①自然资源—陕
西—图集 Ⅳ . ① P966.241-64

　中国版本图书馆 CIP 数据核字 (2020) 第 182815 号

著作人及著作方式：陕西省地质调查院
　　　　　　　　　中国地质调查局西安地质调查中心　编
责任编辑：呼雪梅　任　兴

书　　名	**陕西省自然资源图集**
	SHAANXI SHENG ZIRAN ZIYUAN TUJI
出版发行	西安地图出版社
地址邮编	西安市友谊东路 334 号　710054
印　　刷	中煤地西安地图制印有限公司
开　　本	787mm × 1092mm　1/16
印　　张	10
印　　数	6000
字　　数	200 千字
版　　次	2020 年 9 月第 1 版
印　　次	2020 年 9 月第 1 次印刷
审 图 号	陕 S（2020）029 号
书　　号	978-7-5556-0652-9
定　　价	168.00 元

《陕西省自然资源图集》编纂委员会

———

主　　任：　李志忠　洪增林

副 主 任：　黄建军　侯登峰　蒲明辉　张晓团　宁奎斌　董　英
　　　　　　毛腊梅

委　　员：　范立民　罗乾周　钞中东　白鹏飞　薛旭平　刘小勇
　　　　　　吕印有　张晓团　朱红周　左文乾　高佑民　邓　巍
　　　　　　王小平　郝光耀　李新林　刘一叶　申　涛　付　垒
　　　　　　董福辰　朱　桦　王永和　党学亚

科学顾问：　王双明　成升魁　方创琳

《陕西省自然资源图集》编辑部

———

主　　编：　洪增林

副 主 编：　宁奎斌　韩小武

审　　校：　王小平　王北颖　李　成　蔺新望　王会锋　张银龙
　　　　　　杜少喜　任娟刚　曾忠诚

编 写 人：　（按姓氏笔画排序）

　　　　　　王　宁　王明霞　王显炜　王晓云　王继辉　王　喆
　　　　　　方　萍　石尊应　付　垒　白小鸟　朱　伟　朱海平
　　　　　　任娟刚　任　蕊　刘　能　许　婷　苏晓萌　杜江丽
　　　　　　李文莉　李　勇　李益朝　李景晨　李　静　杨文博
　　　　　　杨　渊　吴　昊　何意平　张小明　张亚鸽　张　倩
　　　　　　张秦华　张航泊　张娟霞　张　敏　陈建平　罗　婷
　　　　　　周小康　郑苗苗　赵小峰　姚　珊　贺旭波　袁亚平
　　　　　　高　帅　高　杰　高海峰　唐　力　陶　虹　陶福平
　　　　　　银若冰　康　华　韩　静　鲁渊平　曾忠诚　谢　青
　　　　　　蒙　利　雷雨默　蔡文春

编者简介 BIANZHE JIANJIE

陕西省地质调查院

2010年组建的省政府直属正厅级事业单位，是陕西省唯一的公益性地质调查队伍。主要职责是统一部署和组织实施全省基础性、公益性、战略性地质调查工作。

下设省矿产地质调查中心、省水工环地质调查中心、省地质环境监测总站（省地质灾害中心）、省地质调查规划研究中心（省地质勘查基金中心）、省地质科技中心、省地质调查实验中心、自然资源陕西省卫星应用技术中心等7个直属单位。

2017年、2018年、2019年连续三年荣获国家地调系统先进省级地质调查院称号。

中国地质调查局西安地质调查中心（西北地质科技创新中心）

自然资源部中国地质调查局直属的正局级公益一类事业单位，全国六大区中心之一。2006年经中央机构编制委员会办公室（以下简称"中编办"）批复由西安地质矿产研究所（组建于1962年）更名为中国地质调查局西安地质调查中心（同时保留西安地质矿产研究所），2017年6月经中编办批复西安地质矿产研究所更名为西北地质科技创新中心。

主要承担西北地区地质调查、科技创新、科学普及和相关综合研究工作，承担区域内地质调查项目管理和监管工作，承担地质调查资料和数据的社会公益性服务工作。工作区域包括陕、甘、宁、青、新和内蒙古西部及中国西部周边国家。

主编 洪增林

男，1963年1月生，甘肃陇西人，工学博士、正高级工程师，现任陕西省地质调查院党委书记、院长，中国自然资源学会秦巴分会主任、资源产业专业委员会副主任，国家SAC/TC230/SC3委员，陕西省"三秦学者"关中平原城市群地下空间资源利用研究创新团队带头人，西北工业大学、长安大学兼职教授、博士生导师。长期致力于地学工程、系统工程、资源环境等领域的研究。

近年来，先后主持国家、省、市各类科研项目33项，在各类学术期刊发表论文85篇，编撰学术著作5部。

陕西省地跨黄河、长江两大水系，发育高原、山地、丘陵、平原和盆地等多种地貌，横跨三个气候带，在漫长的地质演变中历经多期次、多类型构造演化和成矿作用，孕育形成了三秦大地独具特色的自然资源格局。

编撰出版《陕西省自然资源图集》（以下简称《图集》）是一项开创性的工作，系统梳理和总结了陕西省自然资源"家底"，深入盘点和记载了陕西省国土空间规划建设现状，客观反映和凸显了陕西省自然资源在支撑服务经济社会发展中的重要作用，实现了成果资料的深度融合和高度集成，为社会公众提供了一本准确翔实的科研读物和工具书，对支撑陕西省自然资源管理、服务经济社会发展、推动教学科研和科学普及具有重要的意义。

陕西省地质调查院作为陕西唯一的公益性地质调查队伍，以支撑政府、服务社会为己任，组织全院力量、凝聚行业智慧，积极进取、开拓创新，整合几十年来陕西区域地质、矿产地质、水文地质、环境地质、工程地质、遥感地质、旅游地质、农业地质、灾害地质、地下水监测、国土空间规划等领域的调查研究成果，联合中国地质调查局西安地质调查中心编撰了《陕西省自然资源图集》，以便业内交流互鉴。

《图集》内容丰富、结构合理，系统呈现了陕西省自然资源全貌和最新国土空间规划建设现状，并较好地体现了《图集》编撰的叙实性和学术性特点。

一是科学性。《图集》秉承务实严谨的学术作风，每个点位、每个数据都是调查、分析、研究审定的结果，为读者提供了权威、可靠的信息来源，具有鲜明的科学性。

二是系统性。《图集》充分运用系统工程原理和方法，将山水林田湖草作为一个有机整体进行了系统阐述和展示，将岩石圈、土壤圈、水圈、大气圈、生物圈统一纳入地球科学系统进行探讨，充分展现了新型人地观和系统思维方法。

三是科普性。《图集》充分考虑了读者需求，在不影响准确性的前提下，将不同专业、不同类型调查研究成果以通俗易懂的语言、图文并茂的形式进行展示，兼具工具书和科普书的基本特征。

四是专业性。《图集》深度整合了陕西省自然资源领域不同行业几十年的调查研究成果，以读者需求和科学研究需要为基础，用最新视角、地球系统科学理论对陕西省自然资源进行了分析展示，充分体现了《图集》的专业性。

　　五是人文性。除满足政府决策、专业科研、科学普及对参考书籍和工具书的需求外，《图集》更注重对社会公众的科学引导，积极倡导"绿水青山就是金山银山""人与自然和谐共生"等重要理念，充分彰显了《图集》的人文性。

　　在《图集》出版之际，谨向陕西省广大地质工作者表示热烈祝贺，期望新时代地质工作在自然资源调查监测体系建设、国土空间规划以及生态保护、系统修复和综合治理等方面发挥更大作用，在新时代地质工作转型发展中，积极作为，勇立自然资源领域改革创新潮头，推动地质事业繁荣发展，为实现国家治理体系和治理能力现代化贡献地质智慧！

中国工程院院士 王双明

二〇二〇年五月

生态文明建设是关系中华民族永续发展的千年大计。党的十八大以来，以习近平同志为核心的党中央站在坚持和发展中国特色社会主义、实现中华民族伟大复兴的中国梦的战略高度，把生态文明建设纳入新时代中国特色社会主义事业总体布局。统筹山水林田湖草生命共同体系统治理和生态修复，建设生态文明，建设美丽中国，是关系国家生态安全和民生福祉的重要国家战略任务。

习近平总书记在考察陕西时强调，秦岭和合南北、泽被天下，是我国的中央水塔，是中华民族的祖脉和中华文化的重要象征。同时指出，环境就是民生，青山就是美丽，蓝天也是幸福。把绿水青山建得更美，把金山银山做得更大，我们就能让人民群众在绿水青山中共享自然之美、生命之美、生活之美，让良好生态环境成为人民幸福生活的增长点、成为经济社会持续健康发展的支撑点。当前国土空间规划和生态修复已成为推进国家治理体系和治理能力现代化的重要抓手，随着国土空间治理工作对资源、环境、生态、灾害各要素关联、过程耦合和空间协同的高度契合，宣传自然资源省情，当好生态卫士，凝聚自然资源管理保护和合理利用共识，构建国土空间生态修复的系统思维和行动方案，已成为新时代地学工作者义不容辞的责任。

近年来，中国地质调查局西安地质调查中心与陕西省地质调查院在区域地质、矿产地质、地球物理、地球化学、水文地质、环境地质、工程地质、遥感地质、旅游地质、农业地质、灾害地质、地学大数据建设与应用等领域开展了大量卓有成效的工作。

截至2019年，仅陕西省地质调查院就承担各类地质调查项目400余项，形成了大量基础地学资料，取得了一系列丰硕成果。其中，《中国区域地质志·陕西志》是陕西省20余年来基础地质研究的最新成果，全面提升了陕西省区域地质研究程度，入选中国地质调查局、中国地质科学院2018年度地质科技十大进展。《陕西省矿产志·普及本》是陕西省第一部面向社会大众的地学科普读物，用通俗的语言和精美的彩图，介绍了能源、金属、非金属、玉石及观赏石等近百种矿产的主要用途、地理分布、矿床特征、勘查历史及开发现状等。陕西省地质灾害调查与防治，对全省107个县（市、区）域及89个地质灾害严重县（市、区）开展地质灾害详查工作，全面反映了地质灾害隐患点的分布、危害程度及联防联控状况。

编制《陕西省自然资源图集》（以下简称《图集》），旨在探索构建陕西省自然资源领域数据融合、信息互通、成果共享的重要平台，打通地质、矿产、环境、林草、水利、农业、测绘、交通等各项业务融合渠道，为陕西省自然资源管理与生态环境保护提供重要依据；旨在科学普及陕西省自然资源"家底"，提高社会公众对地球家园和自然资源的科学认识；旨在支撑服务自然生态空间统一管理、自然资源资产产权制度与自然资源资产统一确权登记系统的建立，为我国生态文明建设的伟大实践提供地学参考。

《图集》是在搜集、整理陕西省地质调查院和中国地质调查局西安地质调查中心地质工作者数十年形成的地质成果资料基础上，融合自然资源、林业、水利等部门的成果资料，由陕西省地质调查院、中国地质调查局西安地质调查中心、西安地图出版社共同研编而成。

《图集》共有9个部分，共收录78幅图件。

第一部分 序图 由陕西省政区、交通、影像、地形、气候、日照、气温、流域、人口、经济等10个专题11张地图组成。

第二部分 地质概况 由陕西省区域地质、水文地质、地质环境、活动构造与地震、地震动峰值加速度与烈度等5个专题5张地图组成。

第三部分 能源和矿产资源 由陕西省天然气、石油（含页岩油）、页岩气（含煤层气）、煤炭、非金属矿产、贵金属矿产、三稀矿产、黑色金属矿产、有色金属矿产、玉石及观赏石、地热、氦气等12个专题13张地图组成。

第四部分 水资源 由陕西省水资源利用现状、水域构成、河渠构成、降水量、水资源、地表水、地下水、天然矿泉水、地表水径流深度、地下水化学类型、地下水监测、地下水开采潜力等12个专题12张地图组成。

第五部分 土地资源 由陕西省土地利用现状、种植土地、耕地生产力与承载力、土壤类型、关中地区土壤化学调查成果等5个专题7张地图组成。

第六部分 林草资源 由陕西省林草覆盖率、林地、森林、天然林、人工林、草地、湿地等7个专题7张地图组成。

第七部分 地质遗迹与生态旅游资源 由陕西省旅游文化、地质遗迹、自然保护区、森林公园、地质公园等5个专题6张地图组成。

第八部分 综合评价和空间规划 由陕西省主体功能区、农产品主产区、生态功能区、公路交通体系、铁路交通体系、航空交通体系、西安市城市快速轨道交通体系等7个专题8张地图组成。

第九部分 地质灾害与矿山地质环境 由陕西省地质灾害、地质灾害易发程度分区、矿山地质环境、矿山地质环境治理区划等4个专题9张地图组成。

　　《图集》在编辑初稿完成后，由中国自然资源学会组织有关专家进行了成果鉴评，与会专家提出了诸多宝贵的建设性意见，对《图集》科学内涵的提升裨益良多。

　　《图集》属首次出版，充分体现了中国地质调查局西安地质调查中心与陕西省地质调查院秉承公益性地质工作支撑政府、服务社会的基本职能定位，展示了陕西省自然资源领域几十年来区域地质调查、能源调查、矿产调查评价、水资源调查评价、土地质量调查评价、地质遗迹调查与保护、灾害地质调查、地下水监测与评价、矿山地质环境修复治理、国土空间规划等方面成果，凝聚了广大地质工作者几十年来辛勤工作的智慧和成果。

　　《图集》收录了西安地图出版社提供的部分图件，吸收和借鉴了自然资源部、水利部、中国科学院、中国地震局、陕西省发展和改革委员会、陕西省自然资源厅、陕西省生态环境厅、陕西省交通运输厅、陕西省水利厅、陕西省文化和旅游厅、陕西省林业局、陕西省统计局、陕西省地震局、陕西省气象局、陕西省地方志编纂委员会、陕西省土壤普查办公室以及陕西省地矿集团、陕西延长石油（集团）有限责任公司、陕西省煤田地质集团有限公司、陕西省交通规划设计研究院、西安市轨道交通集团有限公司等单位和部门的基础资料，西安交通大学张茂省教授（时任中国地质调查局西安地质调查中心主任助理，二级研究员）对《图集》前期的编撰和审校做了大量卓有成效的工作，付出了艰辛的努力，中国自然资源学会理事长成升魁研究员、副秘书长王捷，陕西省发展和改革委员会副处长陈彪，陕西省自然资源厅王雁林博士，核工业北京地质研究院刘德长教授，中国地质大学出版社马彦研究员，陕西省地震局冯希杰研究员，陕西省测绘地理信息局赵淮高级工程师，西安煤航遥感信息有限公司高会军教授级高工，长安大学刘建朝教授、钱会教授、周璐红副教授，西北大学陈刚教授、刘康教授、刘科伟教授，西安电子科技大学惠调艳教授，陕西师范大学马耀峰教授等专家学者提出了宝贵意见和建议，《图集》出版也得到了省级有关部门的大力支持，在此谨致谢忱。

　　由于编者水平有限，《图集》难免存在疏漏和不足，恳请各位读者不吝赐教，以期进一步修改和完善。

二〇二〇年六月

陕西省在中国的位置 SHAANXI SHENG ZAI ZHONGGUO DE WEIZHI

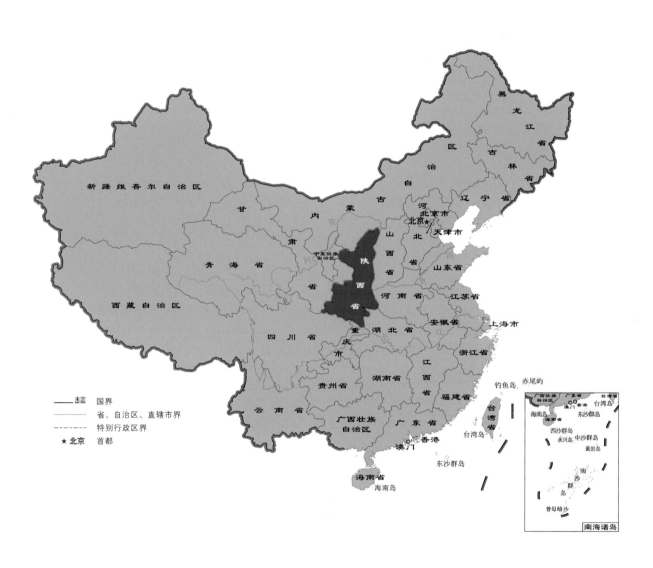

新疆维吾尔自治区

甘肃

内蒙古自治区

宁夏回族自治区

青海省

西藏自治区

四川省

云南省

贵州省

广西壮族自治区

黑龙江省

吉林省

辽宁省

河北省

北京市

天津市

山西省

山东省

陕西省

河南省

江苏省

安徽省

上海市

湖北省

重庆市

浙江省

湖南省

江西省

福建省

广东省

香港

澳门

海南省
海南岛

台湾省
台湾岛

钓鱼岛

赤尾屿

————— 未定 国界

————— 省、自治区、直辖市界

- - - - - 特别行政区界

★北京 首都

南海诸岛

广西壮族自治区

广东省

台湾省

香港

澳门

海南岛

东沙群岛

西沙群岛

中沙群岛

永兴岛

黄岩岛

南沙群岛

曾母暗沙

陕西省自然资源概况
SHAANXI SHENG ZIRAN ZIYUAN GAIKUANG

一、省情

陕西省简称"陕"或"秦",地处中国内陆腹地,北部为黄河中游地区,南部为汉江流域和嘉陵江上游地区,与晋、蒙、宁、甘、川、渝、鄂、豫等8个省(直辖市、自治区)接壤,居中国版图中心位置。

陕西省地理范围东经105°29′~111°15′,北纬31°42′~39°35′,总面积20.56万平方千米,占全国陆地总面积的2.1%。截至2019年末,陕西省常住人口3876.21万人。

陕西省地域南北长、东西窄,最北端为府谷县古城镇王家梁村,最南端为镇坪县华坪镇渝龙村,南北直线距离最长878千米;最东端为府谷县黄甫镇段寨村,最西端为宁强县青木川镇长沙坝村,东西直线距离最宽517.30千米。

陕西省地势南北高、中间低,有高原、山地、平原和盆地等多种地貌。北山和秦岭把陕西分为北部黄土高原区、中部关中平原区、南部秦巴山地区3大自然区。

陕西省是中华民族及华夏文化的重要发祥地之一,有周、秦、汉、唐等10多个政权或朝代在陕西建都,时间长达1000余年。黄帝陵、兵马俑、延安宝塔、秦岭、华山等,是中华文明、中国革命、中华地理的精神标识和自然标识。

陕西省纵跨3个气候带,南北气候差异较大。秦岭是中国南北气候分界线,陕南属北亚热带气候,关中及陕北大部属暖温带气候,陕北北部长城沿线属中温带气候。陕西省气候总特点:春暖干燥,降水较少,气温回升快而不稳定,多风沙天气;夏季炎热多雨,间有"伏旱";秋季凉爽,较湿润,气温下降快;冬季寒冷干燥,气温低,雨雪稀少。全省年均气温6.1~15.6℃,自南向北、自东向西递减。陕北年均气温8.0~10.0℃,关中年均气温12.0~14.0℃,陕南年均气温14.0~15.6℃。

二、自然资源省情

按照自然资源属性、种类、特征及管理要求,与人类社会活动、经济发展和生态环境保护息息相关的自然资源门类有矿产、水、土、森林、草地、湿地、地质遗迹、地热等,空气、风能、太阳能等自然资源要素未列入《陕西省自然资源图集》范围。

矿产资源 陕西省成矿地质条件优越,矿产资源丰富,是我国矿产资源大省之一。陕北高原蕴藏优质煤、石油、天然气、石盐、黏土类等矿产，关中平原有煤、非金属建材、地热、矿泉水类等矿产，陕南秦巴山地以有色金属、贵金属、黑色金属及各类非金属矿产为主。截至2018年底，全省已发现能源、金属、非金属等各类矿产138种（含亚矿种），其中，已查明资源储量的矿产93种，已列入《陕西省矿产资源储量表》的有87种，尚未查明资源储量的有45种。查明资源储量并列入《陕西省矿产资源储量表》的上表矿区1131处（不含共伴生矿区），其中，固体矿产矿区916处。在占国民经济重要价值的15种重要矿产中，陕西省石盐矿产保有资源储量居全国第1位，石油保有资源储量居全国第3位，煤炭及天然气保有资源储量均居全国第4位。2018年，全省矿业及相关加工制造业完成产值14629.76亿元，占全省规模以上工业总产值的58.07%；实现利润1396.6亿元，占全省规模以上工业利润的57.37%，其中，采矿业实现利润1010.5亿元。

水资源　陕西省境内绝大部分为外流河，分属黄河、长江两大流域，其中在陕境内的黄河流域面积13.33万平方千米，主要支流从北向南有窟野河、无定河、延河、渭河、北洛河等河流2524条；在陕境内的长江流域面积7.23万平方千米，主要支流有嘉陵江、汉江和丹江等河流1772条。境内湖泊稀少，除秦巴山地有零散分布外，主要分布在陕北长城沿线风沙滩地区，红碱淖是境内最大的湖泊。陕西省降水时空分布差异明显，多年平均降水量676毫米，呈由北向南递增特征。2018年全省水资源总量371.43亿立方米，全国排名第21位。

林草资源　陕西省林地面积111668平方千米，占全省国土面积的54.31%，居全国第10位。森林面积88684平方千米，森林覆盖率43.06%，居全国第11位。天然林面积56224平方千米，人工林面积24657平方千米，草地面积28703平方千米，湿地面积3085平方千米。

旅游资源　陕西省有悠久的历史、璀璨的文化、多样的自然环境，聚集了得天独厚的旅游资源，山川秀丽，景色壮观。境内有以险峻著称的西岳华山，有气势恢宏的黄河壶口瀑布，有古朴浑厚的黄土高原，有一望无际的八百里秦川，有婀娜清秀的陕南秦巴山地，有充满传奇色彩的骊山风景区，还有六月积雪的秦岭主峰——太白山等，有"二十一世纪地理大发现"美誉的汉中天坑群，有"中国红谷"之称的陕北丹霞。秦岭、华山、骊山、终南山、太白山、宝塔山、黄河、渭河、汉江、延河、无定河，黄帝陵、炎帝陵、华胥陵，以及秦岭四宝——大熊猫、朱鹮、金丝猴、羚牛，皆是陕西省自然资源的重要标识，与之相对应的有秦岭文化、华山文化、骊山文化、终南山文化、太白山文化、宝塔山文化、黄河文化、渭河文化、汉江文化、延河文化、无定河文化，黄帝文化、炎帝文化、华胥文化等。

地质灾害　陕西省地质灾害隐患点多面广，地质灾害多发频发，是全国地质灾害防范重点省份之一。全省地质灾害分区明显，具隐蔽性和突发性。陕南秦巴山地山大沟深、地质条件复杂、植被覆盖率高，堆积层滑坡、岩质崩塌、泥石流等突变型地质灾害发育，隐蔽性强、群发性高、具链式发生特点、识别和监测预警难度大；关中平原受构造与地下水开采影响，地裂缝、地面沉降等缓变型地质灾害发育，治理难度大、避让成本高，极大制约了城市国土空间开发利用；陕北黄土高原沟壑纵横、地形起伏大，岩土体破碎，崩塌、滑坡、泥石流灾害及煤矿采空塌（沉）陷发育，规模虽小，但突发性强，小型滑坡、崩塌致灾的情况时有发生。

MULU 目录

◎	**西安市**	省级行政中心
⊙	**咸阳市**	地级行政中心
⊙	**乾县**	县级行政中心
○	泔店镇	乡、镇、街道
—··—··—		省级界
—·—·—·		地级界
---------		县级界
———		一级成矿带线
———		二级成矿带线
———		三级成矿带线
		河　流
▲ 终南山		山　峰

摄于 志丹○○谷

一 序图

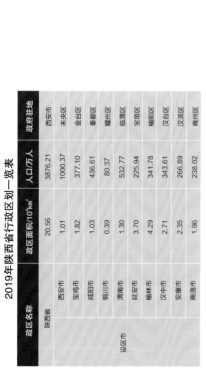

最北端
（111°07'45"E，39°35'06"N）
榆林市府谷县古城镇王家梁村

最东端
（111°14'30"E，39°18'01"N）
榆林市府谷县黄甫镇段寨村

陕西省政区

2019年陕西省行政区划一览表

政区名称		政区面积/10⁴km²	人口/万人	政府驻地
陕西省		20.56	3876.21	西安市
设区市	西安市	1.01	1000.37	未央区
	宝鸡市	1.82	377.10	金台区
	咸阳市	1.03	436.61	秦都区
	铜川市	0.39	80.37	耀州区
	渭南市	1.30	532.77	临渭区
	延安市	3.70	225.94	宝塔区
	榆林市	4.29	341.78	榆阳区
	汉中市	2.71	343.61	汉台区
	安康市	2.35	266.89	汉滨区
	南洛市	1.96	238.02	商州区

2019年陕西省设区市行政区划一览表

设区市	辖区情况	辖县情况	代管省辖市情况
西安市	新城 碑林 莲湖 灞桥 未央 雁塔 阎良 临潼 长安 高陵 鄠邑	蓝田 周至	
宝鸡市	渭滨 金台 陈仓	凤翔 岐山 扶风 眉县 陇县 千阳 麟游 凤县 太白	
咸阳市	秦都 杨陵 渭城	三原 泾阳 乾县 礼泉 永寿 长武 旬邑 淳化 武功	兴平市 彬州市
铜川市	王益 印台 耀州	宜君	
渭南市	临渭 华州	潼关 大荔 合阳 澄城 蒲城 白水 富平	韩城市 华阴市
延安市	宝塔 安塞	延长 延川 志丹 吴起 甘泉 富县 洛川 宜川 黄龙 黄陵	子长市
榆林市	榆阳 横山	府谷 靖边 定边 绥德 米脂 佳县 吴堡 清涧 子洲	神木市
汉中市	汉台 南郑	城固 洋县 西乡 勉县 宁强 略阳 镇巴 留坝 佛坪	
安康市	汉滨	汉阴 石泉 宁陕 紫阳 岚皋 平利 镇坪 旬阳 白河	
南洛市	商州	洛南 丹凤 商南 山阳 镇安 柞水	

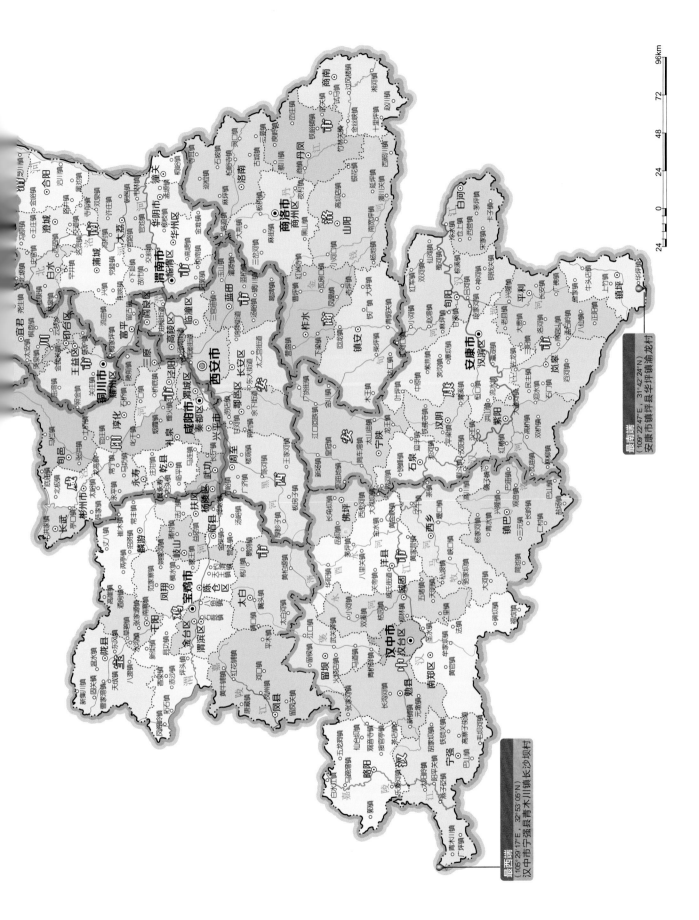

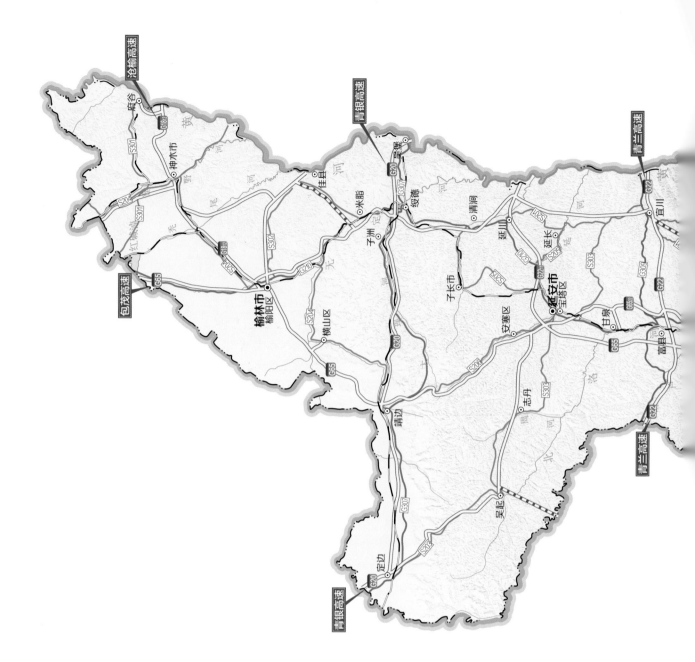

陕西省交通

截至2018年底，陕西省公路总里程达到17.50万千米。高速公路通车总里程达到5279千米，连通全省98个县区，省际出口22个；干线公路新改建2300多千米；农村公路超3万千米。

陕西省铁路总里程5140.40千米，高铁营业里程达856千米。

陕西省已实现全省96.40%的建制村通客（班）车，建制村通邮全覆盖。

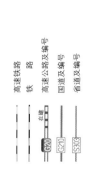

高速铁路
铁　路
G20　高速公路及编号
G210　国道及编号
S303　省道及编号

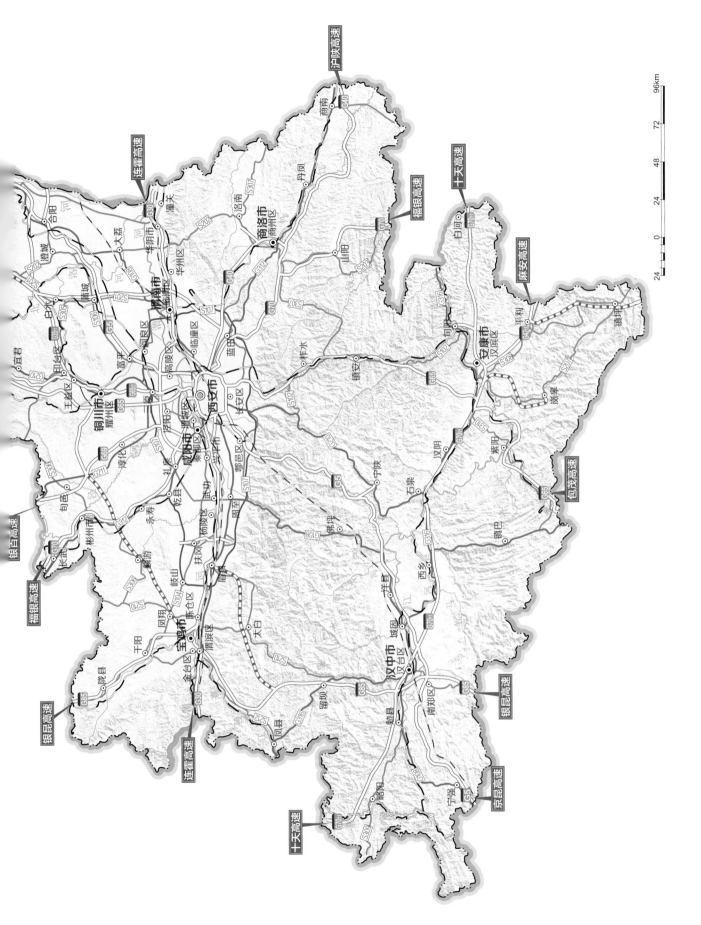

A.毛乌素沙地

B.陕北黄土高原

陕西省影像

以2019年"北京二号"卫星星座为数据源，采用真彩色合成技术，制作的亚米级空间分辨率陕西省正射遥感影像图，反映了陕西省陕北高原、关中平原、陕南秦巴山地三大自然区域以及河流、湖泊的影像特征。

陕北是沟壑纵横的黄土高原和广袤无垠的沙漠高原，总面积8.22万平方千米，约占全省面积的39.98%。

黄土高原影像多呈绿色—浅灰绿色，深昂圆缓，树枝状水系密集，影纹平滑。沙漠高原影像多呈面状浅黄色，夹绿色斑块，树枝状水系稀疏，影纹平滑。

关中是沃野千里的渭河平原，总面积4.94万平方千米，约占全省面积的24.03%。影像多呈面状灰白色，局部可见浅绿色面斑，影纹光滑，水系稀疏，主要为粗线条状河流及条带状深蓝色水库。

陕南是钟灵毓秀的秦巴山地，总面积7.40万平方千米，约占全省面积的35.99%。影像多呈绿色—深绿色，山体切割较为剧烈，影纹以猪背梁为主，山脊较为尖峭，羽状、树枝状水系密集。

陕西省河流从北向南主要有窟野河、无定河、延河、泾河、北洛河、渭河、洛河以及嘉陵江、汉江和丹江。河流影像呈蓝色粗线条状，弯曲舒缓展布，支流多位于沟谷中，呈细长蓝色线状汇集于主河道。

陕西省湖泊主要分布在秦巴山地、陕北长城沿线风沙滩区，影像呈蓝色—深蓝色，不规则面块状、带状，影纹光滑。

铜川市○

渭南市○

商洛市○

西安市◎

C

咸阳市○

宝鸡市○

安康市○

D

F

汉中市○

E

F.大巴山山地

96km

72

48

24

0

24

C.关中平原

D.秦岭山地

E.汉江盆地

陕西省地形

　　陕西省内山塬起伏、河川纵横，地形地貌复杂多样，总体特点是南北高、中部低，西部高、东部低。全省平均海拔为1127米，最高点为太白山拔仙台，海拔3771.20米，最低点在安康市白河县与湖北省交界的汉江南岸，海拔为168.60米。

　　全省地势形态由西向东倾斜特点明显，平均坡度19.9°。低海拔区域（小于1000米）主要分布在关中盆地、汉中盆地、安康盆地等地区，中海拔区域（1000～3500米）主要分布在陕北黄土高原、陕南秦巴山地大部区域，高海拔区域（大于3500米）主要分布在宝鸡市太白县与西安市周至县交界处的太白山。

　　全省地貌形态自北而南划分为陕北沙漠高原（Ⅰ）、陕北黄土高原（Ⅱ）、关中断陷盆地（Ⅲ）及陕南秦巴山地（Ⅳ）4个地貌单元。

　　陕北沙漠高原主要位于长城沿线以北地区，是鄂尔多斯高原和黄土高原的过渡地带。一般海拔1200～1400米，西部略高，海拔1400～1600米；东部较低，海拔950～1200米。地形总体平坦、略有起伏、沟壑不发育。地貌形态主要有风积沙丘、平缓沙地和风蚀梁丘等。

　　陕北黄土高原位于长城以南、北山以北，是我国黄土高原的中心部分，广泛分布第四纪黄土堆积物。西北部海拔1500～1900米，中东部海拔1000～1300米，南缘北山一带海拔1000～1800米。地势总体西北高、东南低。延安以北为黄土梁峁区，沟壑发育，地形破碎，植被覆盖率相对较低，水土流失严重，生态环境脆弱；延安以南以黄土塬和残塬为主，植被覆盖率较高，塬面平坦，适宜耕作；北山主要为基岩山地和土石山地，山地之间分布有黄土塬。

秦岭北麓

华山

黄河龙门段

一　序图

陕西省自然资源图集

关中断陷盆地位于北山和秦岭之间，西起宝鸡峡口，东至潼关港口，东西长约360千米，南北宽30~80千米，东部最宽处为103千米，为西狭东阔的新生代断陷盆地。盆地中部平原海拔320~520米，两侧黄土台塬海拔450~700米。渭河东西横贯关中盆地。盆地两侧地形向渭河倾斜，地貌类型有洪积倾斜平原、黄土台塬、冲积平原。

陕南秦巴山地由陇山余脉、秦岭和巴山组成，为中生代末以来隆起的褶皱山地，高峰林立，汉江谷地贯穿于秦岭、巴山之间。

高山位于秦岭主峰太白山—鳌山一带，海拔3500~3771.20米。高中山位于秦岭主脊玉皇山—终南山—华山，紫柏山—摩天岭—羊山及大巴山的化龙山、米仓山一带，海拔2000~3500米。低中山位于秦岭的略阳、佛坪—宁陕、镇安—山阳、商州—丹凤和大巴山的宁强—镇巴—紫阳—岚皋—平利—镇坪等地，海拔1500~2000米。低山丘陵位于汉中、安康、商（州）丹（凤）、西乡、洛南等盆地周缘，海拔700~1000米。盆地主要有汉中、安康、商丹、洛南等盆地，海拔170~600米，盆地内分布有I~IV级河流阶地。

海拔/m

- ≤500
- 500~800
- 800~1000
- 1000~1200
- 1200~1400
- 1400~1600
- 1600~1800
- 1800~2000
- 2000~2500
- 2500~3000
- 3000~3500
- >3500

35 0 35 70 105 140km

陕西省气候分区

陕西省气候以秦岭为界，南北差异显著：从北到南纵跨温带、暖温带、北亚热带三个气候带，即陕北北部温带，陕北南部、关中和秦岭南坡（海拔1000米以上）暖温带，陕南北亚热带。特点是春暖多风、气温回升快而不稳，降水少，陕北多大风沙尘天气；夏季炎热多雨，降水集中在7—9月，多雷阵雨、暴雨，渭北多冰雹、阵性大风天气，间有"伏旱"；秋凉较湿润、气温下降快，关中、陕南多阴雨天气；冬季寒冷干燥，气温低，雨雪稀少。

温带
Ia 定边盐湖滩地干旱气候区
Ib 长城以北风沙滩地重半干旱气候区

北暖温带
IIa 延安—长城高原丘陵沟壑半干旱气候区
IIb 渭北—延安高原丘陵沟壑半湿润气候区

南暖温带
IIIb₁ 关中渭河平原半湿润气候区
IIIc 关中东部大荔—澄城半干旱气候区
IIIb₂ 商洛丹江河谷半湿润气候区
IIIa 秦岭山地湿润气候区

北亚热带
IVa 汉中—安康汉江河谷盆地湿润气候区
IVa′ 米仓山—大巴山地过湿润气候区

湿润
半湿润
半干旱
干旱
—— 气候带界
----- 气候区界

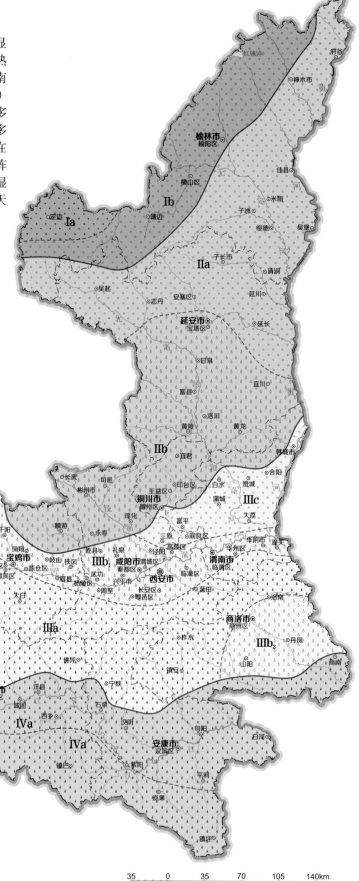

35 0 35 70 105 140km

陕西省主要城市综合气候

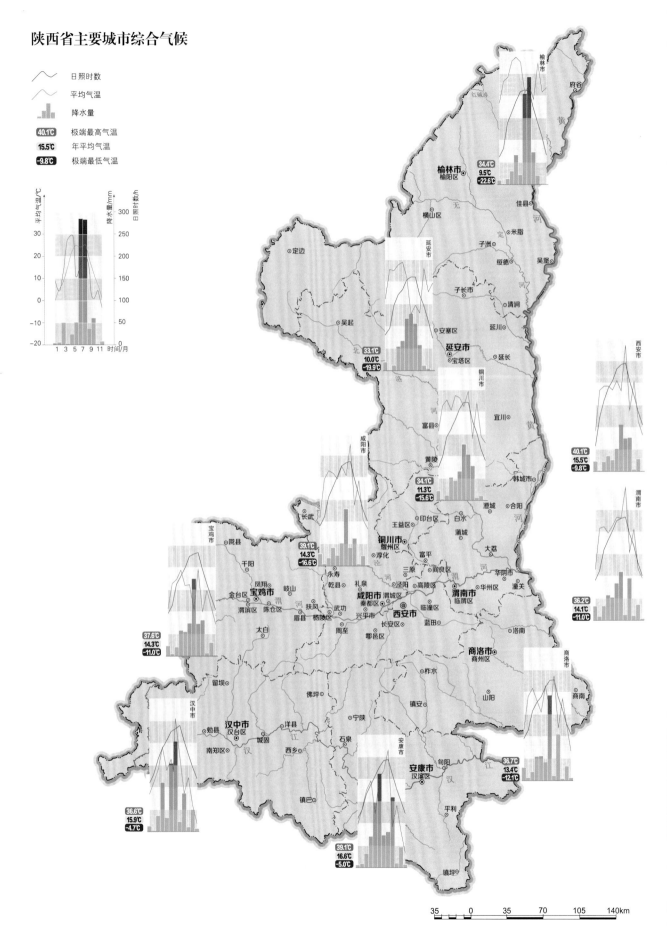

日照时数

平均气温

降水量

40.1℃	极端最高气温
15.5℃	年平均气温
-9.8℃	极端最低气温

陕西省日照

　　陕西省年日照时数为1265~2833小时，年日照时数空间分布基本呈从北向南依次递减的趋势，最高值在陕北北部的长城沿线，最低值在陕南大巴山区。

　　陕北北部年日照时数2600~2800小时，陕北南部年日照时数等值线呈经向分布，陕北东部黄河沿岸为2400~2500小时，陕北西部山区为2300~2400小时。

　　关中东部年日照时数为2100~2400小时，澄城、合阳分别为2500小时、2490小时，为关中地区日照时数最多的区域，关中西部1900~2300小时，西安市年日照时数仅1664小时，为关中地区日照最少的区域。

　　陕南商洛年日照时数1800~2100小时，汉中北部、安康北部1600~1800小时，汉中南部、安康南部1200~1600小时，镇巴年日照时数仅1266小时，为全省日照时数最少的区域。

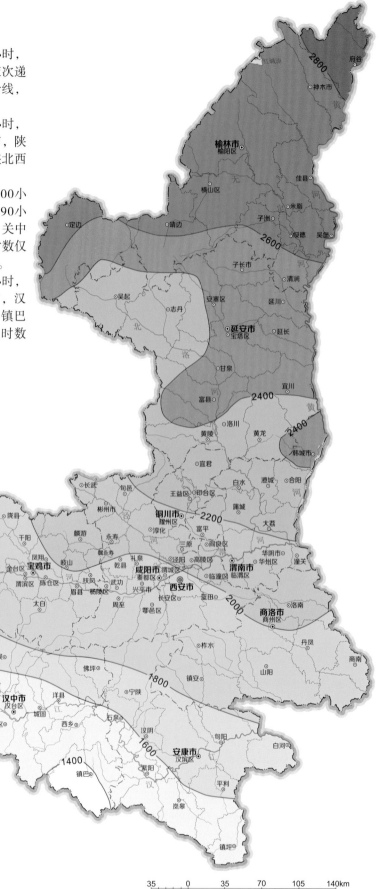

年日照时数/h

——— 日照时数等值线

	1400
	1600
	1800
	2000
	2200
	2400
	2600
	2800

35　0　35　70　105　140km

陕西省自然资源图集

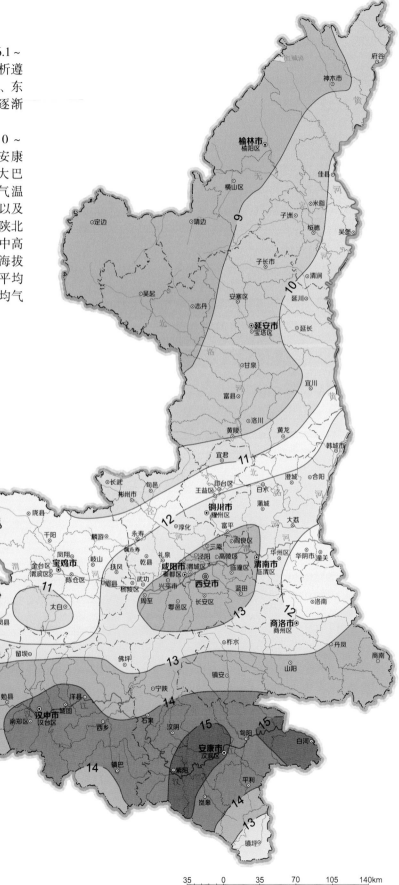

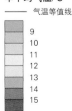

陕西省气温

陕西省年平均气温变化范围一般为6.1～15.6℃（指有气象记录的地区，以下分析遵循此原则），总的分布特点是南高北低、东高西低，由盆地、河谷向高原、高山逐渐递减。

陕南汉江河谷年平均气温14.0～15.6℃，是年平均气温最高的地区，安康最高达15.6℃；其次为关中平原及大巴山、秦岭南坡河谷丘陵区，年平均气温12.0～14.0℃；秦岭中低山区、渭北南部以及陕北黄河沿岸年平均气温10.0～12.0℃，陕北黄土高原年平均气温8.0～10.0℃。秦岭中高山区年平均气温在10.0℃以下，气温随海拔的增加而递减，太白县海拔1543米，年平均气温7.8℃，华山海拔2154.90米，年平均气温6.1℃。

年平均气温/℃

—— 气温等值线

9
10
11
12
13
14
15

35 0 35 70 105 140km

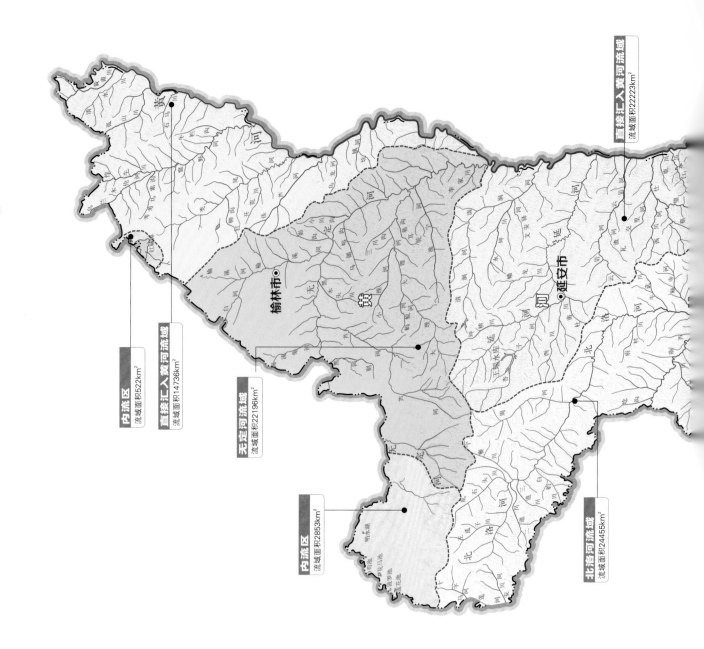

内流区
流域面积522km²

直接汇入黄河流域
流域面积14736km²

直接汇入黄河流域
流域面积22223km²

无定河流域
流域面积22196km²

内流区
流域面积2853km²

北洛河流域
流域面积24455km²

榆林市

延安市

陕西省流域

陕西省地跨黄河、长江两大流域。黄河流域面积13.33万平方千米，占全省国土面积的64.83%。长江流域面积7.23万平方千米，占全省国土面积的35.17%。流域面积大于10平方千米的河流有4296条，黄河流域2524条，长江流域1772条。

黄河发源于青海省巴颜喀拉山脉，自内蒙古自治区托克托县入陕，沿陕西晋界南下，于潼关县出陕，省内河长715.60千米，多年平均过境径流量107.59亿立方米。黄河在省内一级支流自北向南主要有黄甫川、清水川、孤山川、石马川、窟野河、秃尾河、佳芦河、无定河、清涧河、延河、云岩河、仕望河、泥河等。黄河流域内流区分布于榆林市的神木市、定边县、靖边县。

渭河是黄河最大支流，发源于甘肃省渭源县鸟鼠山，自宝鸡峡进入陕西境内，在潼关注入黄河。省内河长502.40千米，多年平均径流量49亿立方米。渭河北岸支流自西向东主要有金陵河、千河、漆水河、泾河、石川河等。渭河南岸支流自西向东主要有清姜河、石头河、黑河、湋河、沣河、沪河、浐河、灞河等。

长江在陕西省境内的主要支流有汉江、嘉陵江、丹江等。

汉江是长江最长的支流，发源于汉中市宁强县嶓冢山，自西向东流经湖北省，于安康市白河县城流入省境内。汉江在省内河长652千米，多年平均径流量260亿立方米。汉江北岸支流自西向东主要有沮水、旬河、金钱河、丹江等。汉江南岸支流自西向东主要有玉带河、岚河、坝河等。

嘉陵江是长江一级支流，省内河长243.80千米，多年平均径流量52.60亿立方米。嘉陵江一级支流主要有西

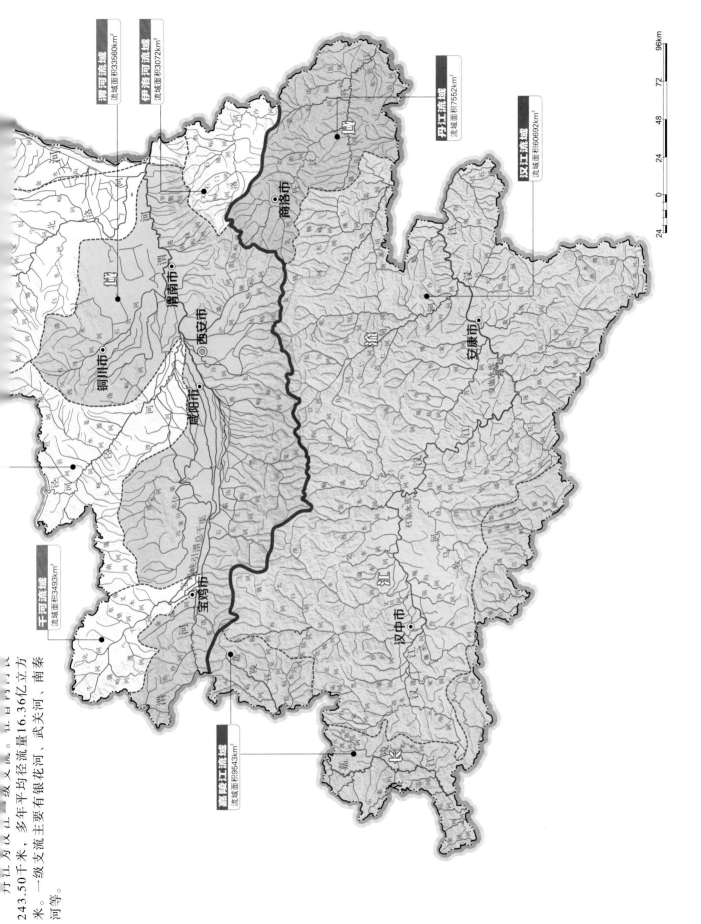

丹江为汉江二级支流……

243.50千米，多年平均径流量16.36亿立方
米。一级支流主要有银花河、武关河、南秦
河等。

渭河流域
流域面积33560km²

伊洛河流域
流域面积3072km²

丹江流域
流域面积7552km²

汉江流域
流域面积60692km²

千河流域
流域面积3493km²

嘉陵江流域
流域面积9543km²

铜川市

渭南市

西安市

咸阳市

宝鸡市

商洛市

安康市

汉中市

96km
72
48
24
0
24

陕西省人口

截至2019年末，陕西省常住人口3876.21万人，比上年末增加11.81万人。城镇人口2303.63万人，比上年末增加57.25万人，城镇化率59.43%，比上年提高1.30个百分点，增幅高于全国0.28个百分点，全省城镇化水平有效提升。

按性别分，男性2000.23万人，占51.60%；女性1875.98万人，占48.40%，性别比为106.62。

按年龄分，0～14岁人口占14.65%，15～64岁人口占73.51%，65岁及以上人口占11.84%。

全年出生人口40.83万人，出生率10.55‰；死亡人口24.31万人，死亡率6.28‰；自然增长率4.27‰。

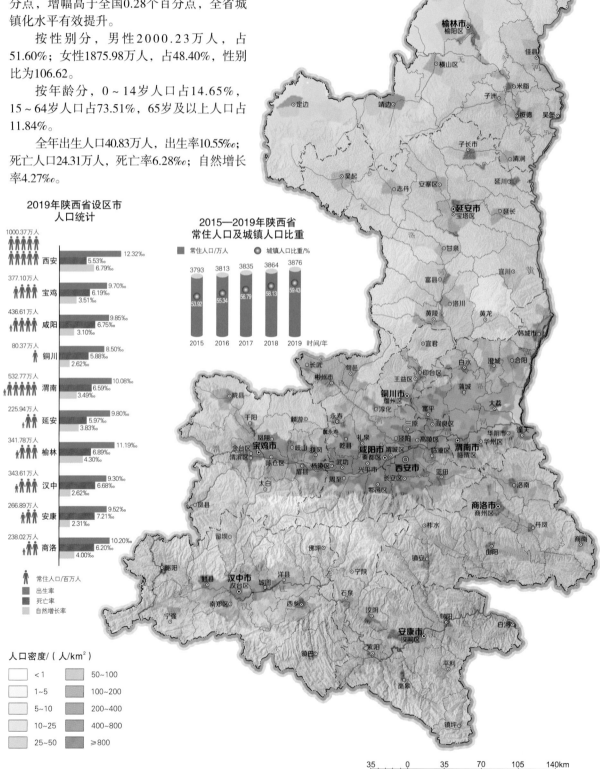

2019年陕西省设区市
人口统计

2015—2019年陕西省
常住人口及城镇人口比重

人口密度/（人/km²）

陕西省经济

　　2019年，陕西省实现国内生产总值25793.17亿元，比上年增长6%。全年呈现经济持续健康发展、经济企稳回升、结构持续优化、发展活力增强、高质量发展稳步推进的良好态势。

　　第一产业增加值1990.93亿元，增长4.40%，占生产总值的比重为7.70%；第二产业增加值11980.75亿元，增长5.70%，占46.50%；第三产业增加值11821.49亿元，增长6.50%，占45.80%。人均生产总值66649元，比上年增长5.40%。全年非公有制经济增加值为14070.45亿元，占生产总值的比重为54.60%，比上年提升0.40个百分点。

2015—2019年陕西省生产总值及其增长速度

生产总值/亿元
比上年增长/%

	18021.86	19399.59	21898.81	23941.88	25793.17
	7.9	7.6	8.0	8.1	6.0
	2015	2016	2017	2018	2019 时间/年

2019年陕西省生产总值三次产业构成

第一产业 7.70%
第三产业 45.80%
第二产业 46.50%

2019年陕西省设区市生产总值三次产业构成

≥3000
2000～3000
1000～2000
<1000

3848.72

第一产业
第二产业
第三产业

县(市、区)生产总值/亿元

< 50	300～400
50～100	400～500
100～200	≥500
200～300	

榆林市 3848.72
延安市 1558.87
铜川市 327.97
宝鸡市 2264.92
2526.57
渭南市 1765.49
西安市 7930.60
商洛市 824.60
汉中市 1471.87
安康市 1134.35

35 0 35 70 105 140km

摄于 秦岭

二 地质概况

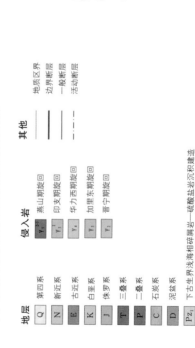

陕西省区域地质

陕西省由北向南分跨华北板块、秦岭造山带（商丹构造带，南秦岭微板块，勉略构造带）、扬子板块，构成"三块两带"的大地构造格局，深部地质呈"立交桥式"结构。横亘华夏大地的秦祁昆中央造山系中段之秦岭造山带成为我国自然地理、气候和地质构造的重要转换和过渡地带。

近30亿年地史长河里，今天的陕西大地经历了新太古代—古元古代（距今28亿~18亿年）原始陆壳形成、中元古代—青白口纪（距今18亿~7.8亿年）原始陆陆壳裂解与拼合及过渡基底形成，南华纪—中三叠世（距今7.8亿~2亿年）超大陆裂解汇聚造山、晚三叠世—全新世（距今2亿年）上叠盆地和陆内造山4大阶段，在漫长、复杂、不同构造体制下的多旋回发展演化进程中，造就了独特而典型的地质构造面貌。

地层

	Q	第四系
	N	新近系
	E	古近系
	K	白垩系
	J	侏罗系
	T	三叠系
	P	二叠系
	C	石炭系
	D	泥盆系
	Pz_1	下古生界浅海相碎屑岩—碳酸盐岩沉积建造
	Pz_1	下古生界戈—深海相硅质岩—碎屑岩建造
	Nh-Z	南华系—震旦系
	Pt_2	中元古界—新元古界
	Ar_3-Pt_1	新太古界—古元古界

侵入岩

	γ_5^{2-3}	燕山期旋回
	γ_5^1	印支期旋回
	γ_4	华力西期旋回
	γ_3	加里东期旋回
	γ_2	晋宁期旋回

其他

———	地质区界
———	边界断层
———	一般断层
---	活动断层

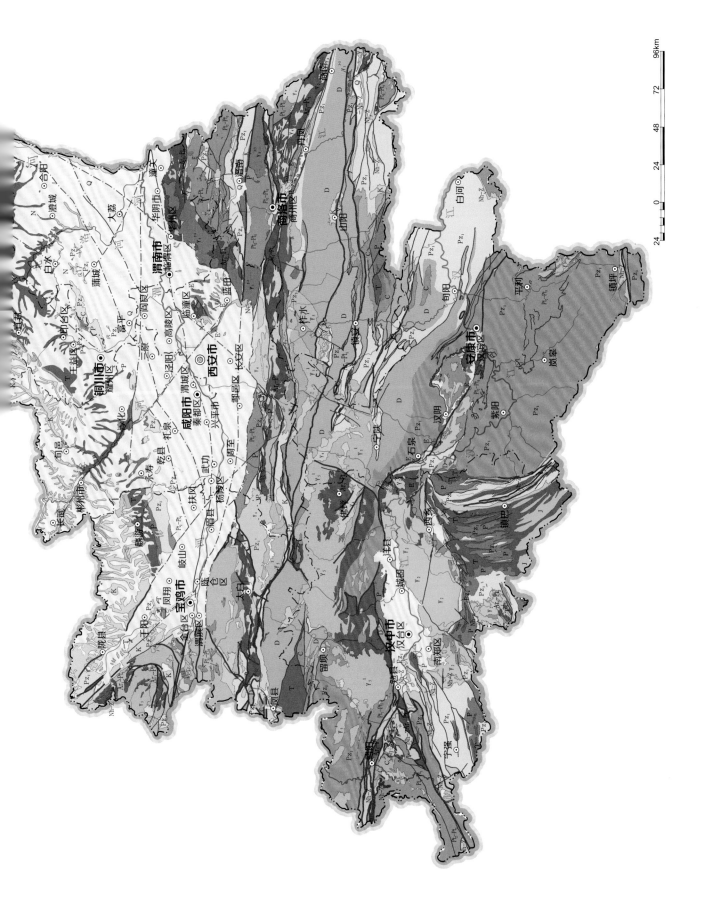

商丹构造带是华北板块和南秦岭微板块的结合带，呈近东西向展布，境内延长约650千米，位处板块活动大陆边缘，具有原特提斯洋板块俯冲碰撞遗迹，保存了汇聚造山过程中商丹蛇绿构造混杂岩带的物质组成。

勉略构造带是南秦岭微板块与摩天岭地块的分隔界线，呈近东西向展布，延长300多千米，经历了多期次、多层次、多体制的构造叠覆、增生拼接作用，形成了以勉略蛇绿构造混杂岩带为主体的复杂构造物质组成。

陕西省地层发育齐全、类型多样、古生物门类繁多、沉积矿产丰富，是我国地层对比的重要地区之一。地层横跨华北和扬子2个地层大区、6个地层区、12个地层分区和22个地层小区，共268个岩石地层单位。显生宙以来，陕西省区域地层三分性明显，秦岭造山带以北的华北板块以及南侧的扬子板块，沉积物皆以稳定型沉积为主，秦岭造山带以活动型沉积为主。太古界零星分布，构成古陆核结晶基底；元古界分布较广，为前寒武系主体；古生界构成秦巴山地地层的主体；中、新生界地层遍及全省，集中于陕北高原、关中平原地区。陕西省古生物化石丰富，紫阳—平利一带志留纪笔石化石组合带是研究笔石化石不可或缺的基地之一。陕北高原第四系黄土分布广、剖面较为完整，为我国黄土研究提供了优越的条件。

沉积岩分布广泛，海、陆相均较发育，沉积环境多样、物源复杂、岩类多，时空上多种岩类共生互变。岩石类型以碎屑岩、碳酸盐岩及黏土质岩最为发育，其次为硅质岩、磷质岩等；可燃有机岩主要分布于陕北。

岩浆岩具多期次、多岩类特征。侵入岩主要分布于秦岭造山带、华北板块南缘及扬子板块北缘活动带。以阜平期（距今32亿~28亿年）、晋宁期（距今10亿~8亿年）、海西期（距今3.9亿~2.6亿年）及印支—燕山期（距今2.6亿~6500万年）最为发育。超基性—基性岩、中性岩、酸性岩、碱性岩均有不同程度发育，中—酸性花岗岩类分布最广，以陕南秦巴山地最为发育，花岗岩类岩石类型多样，成矿作用明显，与钼、铜、铁、稀有、稀土、钨、铀等重要矿产关系密切，以金堆城斑岩型钼矿最为典型。超镁铁质—镁铁质岩在陕南秦巴地区分布相对较多，以加里东期为主，多沿区域性断裂分布，岩石普遍蚀变，含铬、镍、钛磁铁矿及磷灰石等矿产。

火山岩主要分布于太古代结晶基底、元

丹凤岩群枕状熔岩

韧性剪切带

朱夏断裂破碎带

钙质糜棱岩，具流变褶皱

平卧褶皱

古代过渡基底和古生代裂谷分布区。多具旋回性和韵律性特点，岩类较多，主要有玄武岩（玄武—安山岩）单一组分、玄武—英安岩（或流纹岩）两端元组合类型为主。

变质岩主要分布于秦岭造山带与扬子板块。高级变质岩主要分布于太古代至古元古代结晶基底地层区，中低级变质岩主要分布于中元古代至中生代地层区。华北板块以基底变质为主，扬子板块内除基底变质外，南缘中元古界至上古生界盖层也经历了轻微变质。与变质作用相关的矿产有金、铁、铜、铅、锌、汞、锑、石墨、金红石、刚玉、红柱石、蓝晶石、夕线石等。

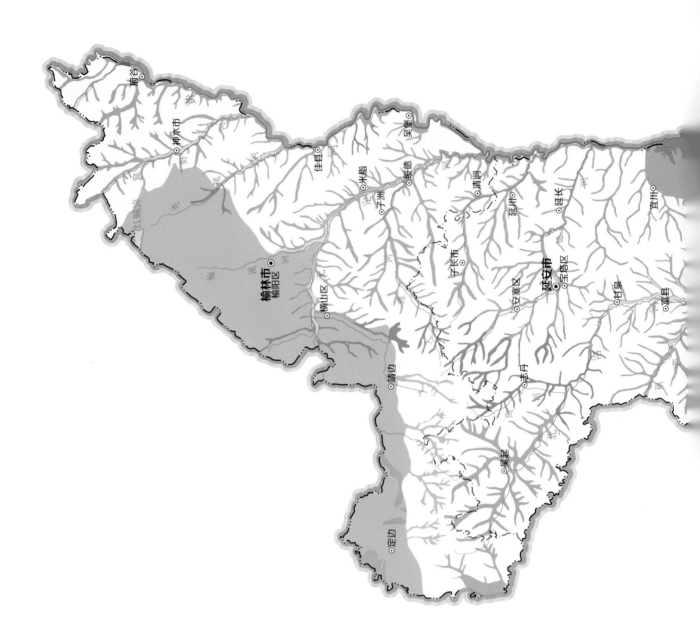

陕西省水文地质

陕西省水文地质条件南北差异大，含水层分布及富水性差异不均一，主要包括松散岩类孔隙裂隙含水岩组、碳酸盐岩岩溶裂隙含水岩组、碎屑岩孔隙裂隙含水岩组、岩浆岩变质岩裂隙含水岩组等4类。

松散岩类孔隙裂隙含水岩组可细分为第四系黄土状土孔隙裂隙和第四系黄土、黄土状土孔隙裂隙两种类型。

第四系冲洪积、湖积层孔隙含水岩组主要分布于毛乌素沙地、关中平原、汉中平原及各大河流河谷区。含水层主要为第四系砂、砂砾（卵）石。毛乌素沙地含水层厚度10～30米，关中盆地100～500米，汉中盆地100～400米，河谷区一般小于10米，富水性极强一弱。

第四系黄土、黄土状土孔隙裂隙含水岩组主要分布于陕北黄土高原、关中平原黄土塬区，陕南秦巴山地部分盆地有零星分布。含水层主要为黄土、黄土状土，含水层厚度多为5～100米，富水性中等一极弱。

碳酸盐岩岩溶裂隙含水岩组主要分布于陕北高原东北部，关中平原北部及陕南秦巴山地。含水层主要为震旦系、寒武系、奥陶系、泥盆系、二叠系和三叠系碳酸盐岩。含水层埋藏深度200～1000米，含水层厚度100～500米，富水性受岩溶发育程度所控制，富水性极强一中等。

碎屑岩孔隙裂隙含水岩组主要分布于陕北高原黄土梁峁沟壑区以及陕南秦巴山地部分山间盆地边缘。含水层主要为二叠系、三叠系、侏罗系和白垩系砂、泥岩。白垩系含水层以孔隙裂隙含水为主，其他地区含水层以构造裂隙、风化裂隙含水为主，含水层厚度差异较大，富水性强一弱。

岩浆岩变质岩裂隙含水岩组主要分布于陕南秦巴山地。含水层主要为元古界一中生界各类……

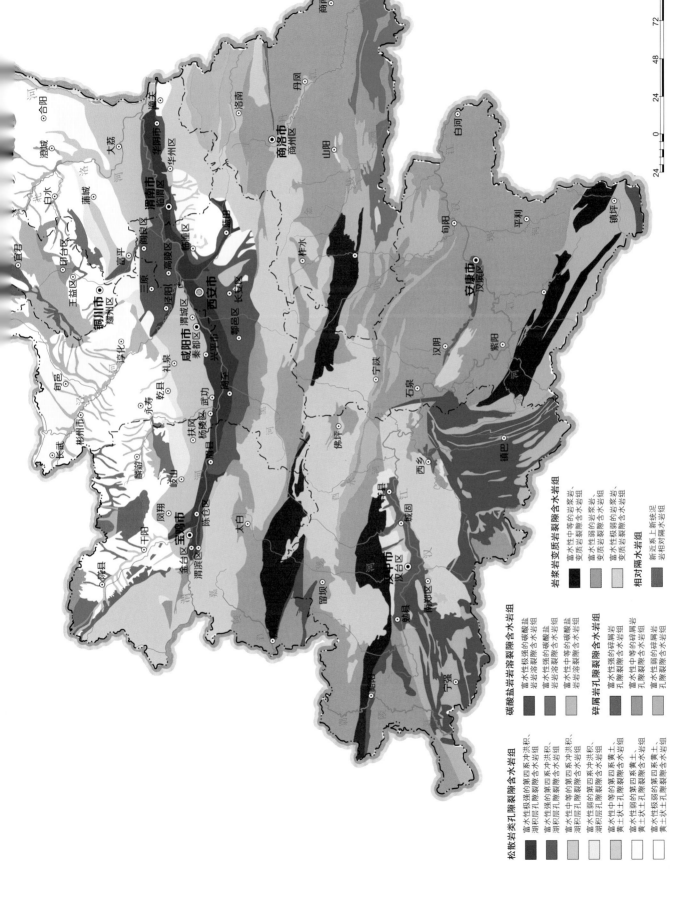

松散岩类孔隙裂隙含水岩组

富水性极强的第四系冲洪积、湖积层孔隙裂隙含水岩组

富水性强的第四系冲洪积、湖积层孔隙裂隙含水岩组

富水性中等的第四系冲洪积、湖积层孔隙裂隙含水岩组

富水性弱的第四系孔隙裂隙含水岩组

富水性中等的第四系黄土、黄土状土孔隙裂隙含水岩组

富水性弱的第四系黄土、黄土状土孔隙裂隙含水岩组

富水性极弱的第四系黄土、黄土状土孔隙裂隙含水岩组

碳酸盐岩岩溶裂隙含水岩组

富水性极强的碳酸盐岩岩溶裂隙含水岩组

富水性强的碳酸盐岩岩溶裂隙含水岩组

富水性中等的碳酸盐岩岩溶裂隙含水岩组

碎屑岩孔隙裂隙含水岩组

富水性强的碎屑岩孔隙裂隙含水岩组

富水性中等的碎屑岩孔隙裂隙含水岩组

富水性弱的碎屑岩孔隙裂隙含水岩组

岩浆岩变质岩裂隙含水岩组

富水性中等的岩浆岩、变质岩裂隙含水岩组

富水性弱的岩浆岩、变质岩裂隙含水岩组

相对隔水岩组

新近系上新统泥岩相对隔水岩组

24 0 24 48 72 96km

陕西省地质环境

洛川塬

陇西高中山

陕西省地质环境区包括鄂尔多斯高原（Ⅰ）、陇东—陕北黄土高原（Ⅱ）、汾渭盆地（Ⅲ）、陇西黄土高原（Ⅳ）和秦巴山地（Ⅴ）5个地质环境区块。

鄂尔多斯高原地质环境区主要分布在长城以北地区，包括榆林风沙滩地（I_1）、靖边风沙草滩（I_2）及定边草滩盆地（I_3）3个地质环境亚区，总面积1.45万平方千米。区内地势平坦，一般海拔1200～1400米，多年平均降水量小于400毫米。区内煤炭、石油和天然气资源丰富。水资源较丰富，降水量少，春冬多风沙，生态环境脆弱。

陇东—陕北黄土高原地质环境区主要分布于长城以南、关中盆地北缘以北地区，包括陕北黄土梁峁（II_1）、甘泉—麟游低中山（II_2）、洛川塬（II_3）及长武—彬州塬（II_4）4个地质环境亚区，总面积7.76万平方千米。区内主要为塬、梁、峁及沟壑纵横的黄土高原，一般海拔900～1500米，多年平均降水量400～700毫米。区内煤炭、石油和天然气资源丰富。降水量少，多暴雨，土壤侵蚀严重，生态环境脆弱。

汾渭盆地地质环境区主要分布于北山断裂与秦岭山前大断裂之间，包括陇县—耀州—韩城黄土台塬（III_1）、宝鸡—咸阳—渭南冲积平原（III_2）及眉县—蓝田—潼关黄土台塬、洪积倾斜平原亚区（III_3）3个地质环境亚区，总面积2.58万平方千米。区内主要由河流冲积平原和黄土台塬组成，地势较平坦，一般海拔320～800米，多年平均降水量500～700毫米。

陇西黄土高原地质环境区主要分布于汾渭盆地西部的宝鸡陈仓、陇县一带，面积0.37万平方千米。区内为高中山区，一般海拔1000～1600米，多年平均降水量500～700毫米。区内人口相对稀少，

黄土高原

森林覆盖率高，千河谷地两侧的黄土塬梁低山丘陵区，黄土覆盖较厚，水土流失较严重，塬面破碎，多形成梁状黄土丘陵。

秦巴山地地质环境区主要分布于秦巴山地及汉中、安康、商丹、洛南等山间盆地，包括秦岭高中山（V_1）、汉江谷地（V_2）及大巴山中低山（V_3）3个地质环境亚区，总面积8.40万平方千米。区内一般海拔1000～3700米，盆地海拔400～700米，多年平均降水量700～1300毫米，多暴雨和连阴雨。区内矿产资源、水能资源和生物资源丰富。

鄂尔多斯高原地质环境区（Ⅰ）

I_1 榆林风沙滩地亚区

I_2 靖边风沙草滩地亚区

I_3 定边草滩盆地亚区

陇东—陕北黄土高原地质环境区（Ⅱ）

II_1 陕北黄土梁峁亚区

II_2 甘泉—麟游低中山亚区

II_3 洛川塬亚区

II_4 长武—彬州塬亚区

汾渭盆地质环境区（Ⅲ）

III_1 陇县—耀州—韩城黄土台塬亚区

III_2 宝鸡—咸阳—渭南冲积平原亚区

III_3 眉县—蓝田—潼关黄土台塬、洪积倾斜平原亚区

陇西黄土高原地质环境区（Ⅳ）

IV 陇西高中山亚区

秦巴山地地质环境区（Ⅴ）

V_1 秦岭高中山亚区

V_2 汉江谷地亚区

V_3 大巴山中低山亚区

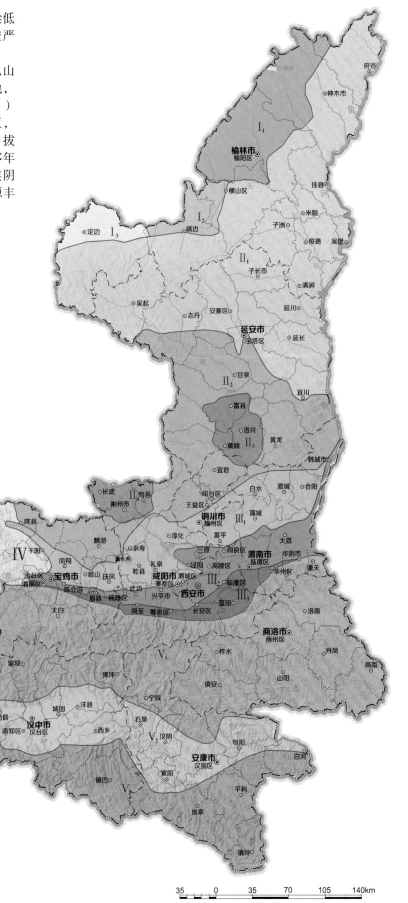

35 0 35 70 105 140km

陕西省活动构造与地震

陕西省内活动构造的空间分布、活动时代和活动强度受区域新构造运动控制，具有明显的分区特征。

陕北地质结构简单，新构造活动不活跃，断裂活动微弱。关中盆地新构造运动十分活跃，断裂构造非常发育，部分断裂现今仍在活动，以晚更新世至全新世活动断裂最为发育，主要有近东西向、北东—北北东向、北西向3组。近东西向断裂是关中盆地的主干断裂，规模大、活动时间长，而且还构造成不同沉积与地貌单元的边界，控制着关中盆地内的大地震活动；北东—北北东向断裂主要分布在盆地东部地区，对沉积、地貌和地震活动也有着重要的控制作用；北西向断裂主要分布于渭河盆地西部地区，活动较为强烈，控制了盆地内部凹陷的分布。这组断裂往往与东西向和北东向断裂一起，对地震活动有一定的控制作用。陕南经历了长期复杂的地质演化，与山体走向一致的褶皱带及大断裂带十分发育，但晚第四纪以来断裂活动较弱，活动断裂仅在汉中盆地、安康盆地及商丹盆地有少量分布。

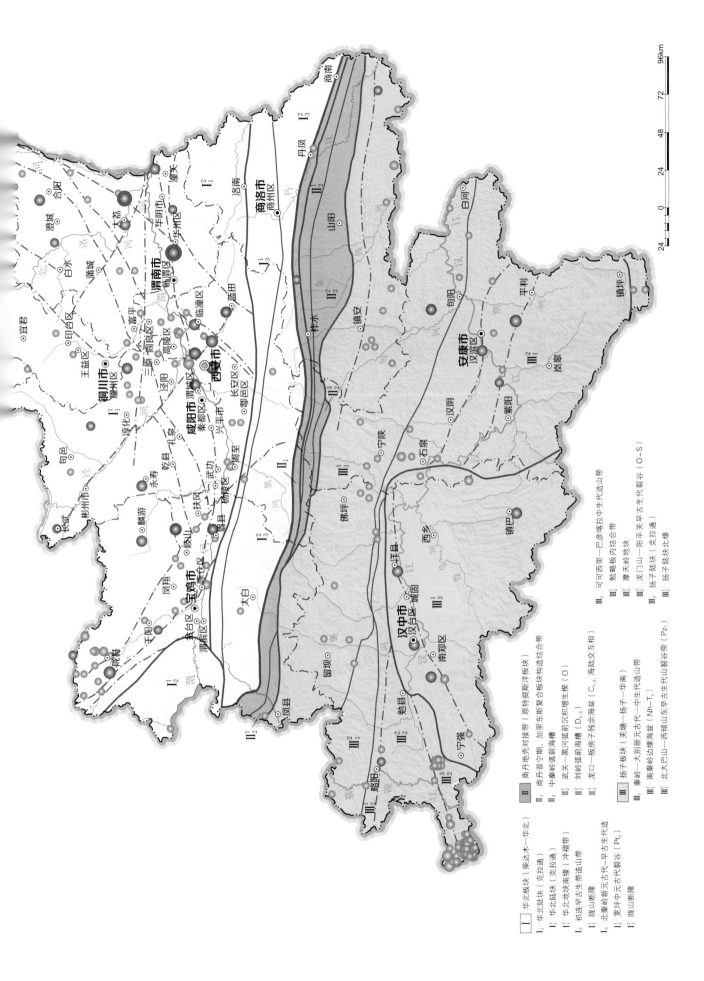

口镇—关山断裂

岐山—马昭断裂

状元碑断裂

陕西省及周边地区分别地处3个地震区，西部属于青藏高原地震区、北部属于华北地震区、南部属于华南地震区，历史上曾发生多次强震。前780—2018年，省内发生的3级以上地震有259次，其中，3.0～3.9级地震171次，4.0～4.9级地震43次，5.0～5.9级地震36次，6级以上强震有9次。其中，1487—1568年地震活动频次较高、强度大，最大地震是1556年华县（今华州区）8级特大地震。

区域新构造运动控制着地震震中的位置和强度，全省各地区地震活动水平差异明显。陕北高原新构造活动不活跃，地震活动最弱，有记载的5级地震有6次，代表性地震有1448年榆林5级地震和1923年安塞5级地震；关中盆地新构造运动十分活跃，是地震主体活动区，发生过8次6级以上地震，其中，7级以上3次，分别是前780年岐山大于等于7级地震、1501年朝邑7级地震和1556年华县8级地震；陕南秦巴山地晚第四纪以来断裂活动较弱，地震活动较弱，有记载的6级以上地震仅1次，即788年安康6级地震。

陕西省6级以上历史地震简表

序号	发震时刻	震中位置		震级	震中烈度	地　区
		纬度/°	经度/°			
1	前780	34.5	107.8	≥7	≥IX	岐山
2	600.12.16	34.5	106.5	≥6	-	陇县、天水间
3	788.03.12	32.5	109.4	6	Ⅶ	安康
4	793.05.31	34.5	109.7	6	Ⅶ-Ⅷ	潼关西
5	1487.08.19	34.4	108.9	6	Ⅷ	临潼、咸阳一带
6	1501.01.29	34.8	110.1	7	Ⅸ	大荔
7	1556.02.02	34.5	109.7	8	Ⅺ	华州
8	1568.05.25	34.4	109.0	6	Ⅸ	西安东北
9	1704.09.28	34.9	107.0	6	Ⅶ	陇县

（注：资料来源于陕西省地震目录、陕西省地震局。）

1970—2018年，陕西省4级以上地震有15次，其中，3次5级以上地震全部为汶川8.0级地震的余震，最大地震是2008年5月27日宁强5.7级地震。1998年1月5日的泾阳4.8级地震是关中盆地1970年以来记录到的最大地震。

陕西省地震动峰值加速度与烈度

20世纪50年代以来，我国于1957年、1977年、1990年、2001年和2016年编制完成了5代全国地震动参数区划图并颁布实施，其中，第4、第5代区划图是以国家标准的形式发布实施。

根据我国第5代地震动参数区划图，陕西省抗震设防水平总体有所提高。陕北和陕南大部分区域处于0.05g（相当于基本地震烈度Ⅵ度）设防地区，面积13.44万平方千米，占全省国土面积的65.37%；关中盆地及周边地区处于高烈度区（地震烈度Ⅶ度及以上），渭北麟游—淳化—白水、陕南宁强—柞水—商南和平利—白河一带处于0.10g（相当于基本地震烈度Ⅶ度）设防地区，面积2.87万平方千米，占全省国土面积的13.96%；关中盆地北部陇县—乾县—韩城和秦岭北部洛南—凤县—略阳一带处于0.15g（相当于基本地震烈度Ⅶ度）设防地区，面积1.92万平方千米，占全省国土面积的9.34%；关中盆地千阳—兴平—大荔一带和略阳西部处于0.20g（相当于基本地震烈度Ⅷ度）设防地区，面积2.27万平方千米，占全省国土面积的11.04%；关中盆地华州—华阴一带处于0.30g（相当于基本地震烈度Ⅷ度）设防地区，面积0.06万平方千米，占全省国土面积的0.29%。

地震动峰值加速度与地震烈度对照表

地震动峰值加速度/g	地震烈度
< 0.05	< Ⅵ
0.05	Ⅵ
0.10	Ⅶ
0.15	Ⅶ
0.20	Ⅷ
0.30	Ⅷ
≥ 0.40	≥ Ⅸ

地震动峰值加速度/g（地震烈度）

0.05(Ⅵ)	0.10(Ⅶ)
0.15(Ⅶ)	0.20(Ⅷ)
0.30(Ⅷ)	

35　0　35　70　105　140km

摄于 矿产作业

三　能源和矿产资源

陕西省天然气

陕西省天然气资源主要分布于陕北高原地区，以靖边、榆林、子洲、神木、米脂、延安等大型天然气田（藏）为主。已累计探明和估算天然气地质储量为2.51万亿立方米，在全国居第4位。2018年全省天然气年产量为442.89亿立方米。

天然气藏分布广泛，具"广覆式"天然气成藏特征，基本上陕北各县域内均有天然气发现。天然气藏在高原中东部含气性好，大面积复合连片分布；在高原南部含气性变化较大，气藏规模较小。

上古生界天然气气田主要是大型的岩性油气藏，如榆林、子洲、神木、米脂、大牛地等气田。含气层位主要为上古生界石炭系本溪组和二叠系山西组，其次为二叠系石盒子组（盒8、盒7和盒6），本溪组（本2、本1）含气范围较小，仅分布在局部地区。烃源岩主要是石炭系本溪组—二叠系山西组的暗色泥岩、碳质泥岩和煤等煤系烃源岩组合，生烃能力强，煤天然气保存条件较好。上古生界天然气藏有利储层主要发育于上古生界分流河道砂体及水下分流河道砂体，沉积格局受古构造背景控制。

下古生界天然气藏主要分布于鄂尔多斯盆地一级构造单元——陕北斜坡的中部，即榆阳—靖边—志丹—富县—黄龙一带。含气层位主要为下古生界奥陶系马家沟组，烃源岩主要是上古生界石炭系—二叠系海陆交互相煤系烃源岩。靖边气田是我国首次在陆上海相碳酸盐岩地层中发现与探明的非常规隐蔽性大型岩性古地貌气藏，受构造、岩相古地理及岩溶地貌制约。

钻井

油气集输站

陕西省综合成矿区（带）划分表

序号	I级成矿区带（成矿域）	II级成矿区带（成矿省）	III级成矿区带
1	I-4 古亚洲成矿域（叠加滨太平洋成矿域）	II-14 华北(陆块)成矿省	III-59 鄂尔多斯西缘 Fe-Pb-Zn-磷-石膏-芒硝成矿带
2			III-60 鄂尔多斯盆地U-油-气-煤-盐成矿区
3			III-61 山西断隆(渭河盆地) Fe-铝土矿-石膏-煤-煤层气成矿带
4			III-63 华北陆块南缘(小秦岭) Au-Mo-U-Nb-Pb-Fe成矿带
5	I-2 秦祁昆成矿域（叠加滨太平洋成矿域）	II-5 阿尔金—祁连成矿省	III-21 北祁连Cu-Pb-Zn-Fe-Cr-Au成矿带
6		II-7 秦岭—大别成矿省(东段)	III-66A 北秦岭Au-Cu-Pb-Zn-Sb-W-Rm成矿带
7			III-66B 南秦岭Au-Cu-Pb-Zn-Sb-W-Rm成矿带
8	I-4 古亚洲成矿域（叠加滨太平洋成矿域）	II-15 扬子成矿省	III-73 龙门山—大巴山 Fe-Cu-Pb-Zn-Ni-Mn-Al成矿区

气田范围

35 0 35 70 105 140km

陕西省石油（含页岩油）

陕西省石油资源主要分布在陕北高原地区，地质构造单元属鄂尔多斯盆地东部斜坡，多处在盆地中南部的生油中心区域，具有"大面积成藏，含油层位多，油藏类型较单一"的成油特征。

陕西省目前共发现油田（藏）39处，主要分布于延安、榆林、咸阳3市和20个县区，包括姬塬、安塞、延长、子长、下寺湾、直罗、靖边、子洲、吴起、永宁、定边、靖安等油田，铜川市内也有少量石油储量。其中，大型油田（藏）7个、中型21个、小型11个。已累计查明石油资源储量总量为37.04亿吨，保有资源储量居全国第3位。2018年全省石油原油工业产量3519.05万吨。

主要含油地层为中—上三叠统延长组和中侏罗统延安组，地层由东向西缓倾，整个构造为一西倾大单斜层。延安组、延长组地层在延安、延长一带出露地表，由东向西油层埋藏深度由浅到深。延安组油层在延安沟门一带埋藏深度仅100～200米，吴起、定边埋藏深度达1200～1600米。延长组油层在延长、延川永坪镇一带只有100～300米，而在吴起、定边则达1500～2000米。

油苗

石油集输站

延长石油采油厂

陕西省综合成矿区（带）划分表

序号	Ⅰ级成矿区带（成矿域）	Ⅱ级成矿区带（成矿省）	Ⅲ级成矿区带
1			Ⅱ-59 鄂尔多斯西缘 Fe-Pb-Zn-磷-石膏-芒硝成矿带
2	Ⅰ-4 古亚洲成矿域 (叠加滨太平洋 成矿域)	Ⅱ-14 华北(陆块) 成矿省	Ⅱ-60 鄂尔多斯盆地U-油-气-煤-盐成矿区
3			Ⅱ-61 山西断隆(渭河盆地) Fe-铝土矿-石膏-煤-煤层气成矿带
4			Ⅱ-63 华北陆块南缘(小秦岭) Au-Mo-U-Nb-Pb-Fe成矿带
5	Ⅰ-2 秦祁昆成矿域 (叠加滨太平洋 成矿域)	Ⅱ-5 阿尔金— 祁连成矿省	Ⅱ-21 北祁连Cu-Pb-Zn-Fe-Cr-Au成矿带
6		Ⅱ-7 秦岭— 大别成矿省 (东段)	Ⅱ-66A 北秦岭Au-Cu-Pb-Zn-Sb-W-Rm成矿带
7			Ⅱ-66B 南秦岭Au-Cu-Pb-Zn-Sb-W-Rm成矿带
8	Ⅰ-4 古亚洲成矿域 (叠加滨太平洋 成矿域)	Ⅱ-15 扬子成矿省	Ⅱ-73 龙门山—大巴山 Fe-Cu-Pb-Zn-Ni-Mn-Al成矿区

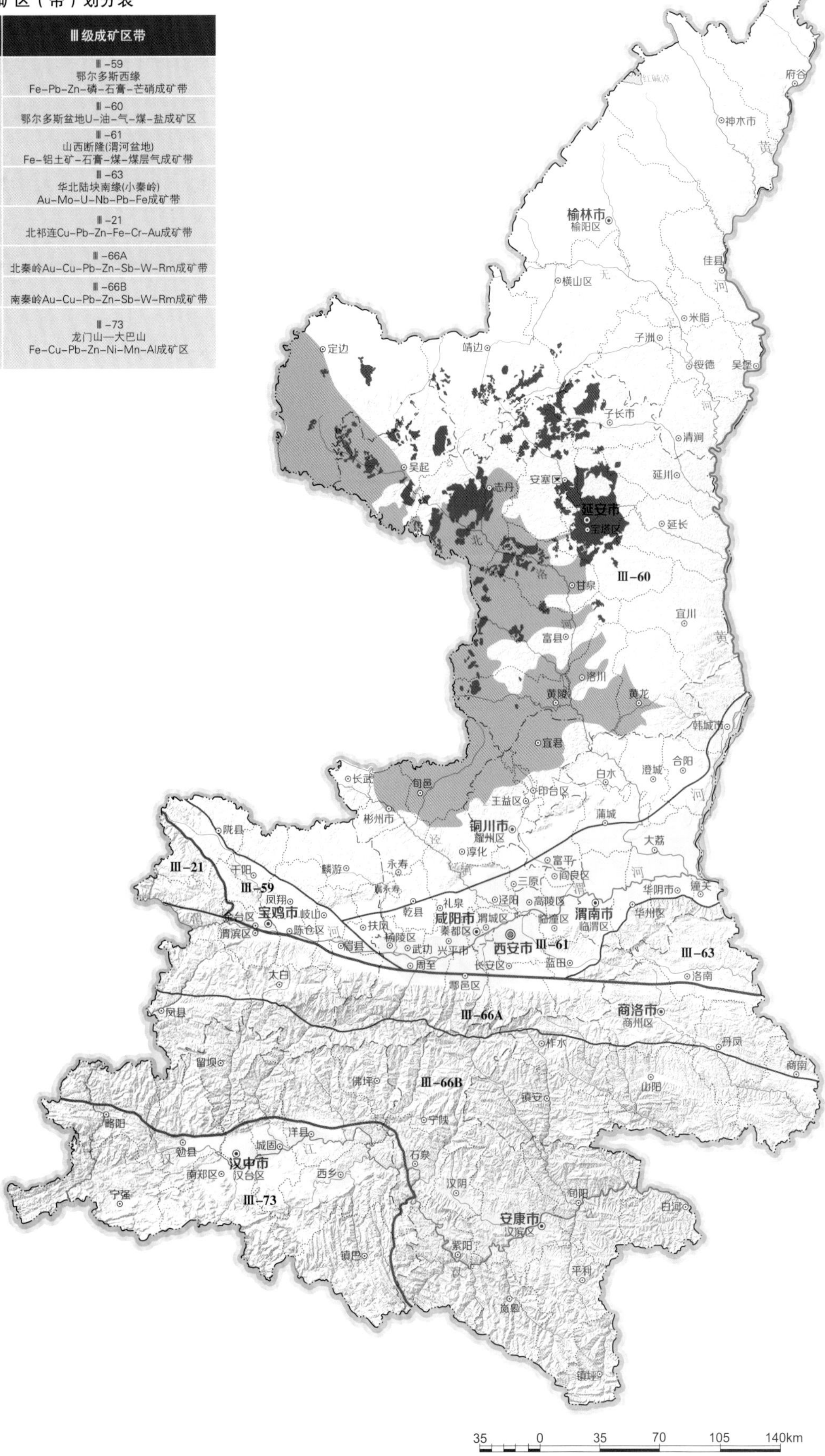

油田范围

页岩田范围

35　0　35　70　105　140km

陕西省页岩气（含煤层气）

陕西省页岩气及煤层气资源主要分布于鄂尔多斯盆地中部、南缘，四川盆地北缘汉中南部地区也具有良好的页岩气成藏条件。

页岩气主要赋存在中生界三叠系延长组（陆相页岩气）、上古生界石炭系本溪组、太原组和二叠系山西组（海陆过渡相页岩气）富有机质页岩中。延长组页岩地层在陕北高原地区分布范围较小，其厚值带仅分布在定边、吴起、志丹、甘泉、富县等地，页岩为陆相湖泊沉积环境中沉积形成的。上古生界石炭系、二叠系煤系页岩地层在陕北高原地区分布广泛，页岩是海陆过渡相沉积环境下沉积形成的。

中生界页岩气勘探区域主要分布在延安市甘泉、富县等地，勘探层位为延长组长7、长9泥页岩。

上古生界页岩气勘探区域主要分布在延安市延长、宜川、富县直罗—甘泉县下寺湾等地，勘探层位为山西组泥页岩及砂岩夹层段。

目前，陆相页岩气勘探开发已进入商业试开采阶段。2011年4月，中国第一口陆相页岩气井（柳坪177井）在延安市甘泉县下寺湾地区顺利完钻并压裂产气，拉开了我国陆相页岩勘探的序幕。2012年1月，鄂尔多斯盆地第一口陆相页岩气水平井（延页平1井）顺利完钻并产气，日产页岩气8000立方米。

2016年，镇地1井在汉中市镇巴县永乐镇潘家坡村顺利完钻并产气，这是陕西省首次在陕南—川北复杂构造带取得页岩气新发现，也是全省首次在寒武系海相地层中获得页岩气突破。该井深1772米，现场解析气量最高达每吨2.80立方米，总含气量最高达每吨4.60立方米，气测组分以甲烷为主，可达91.50%～98.00%。

煤层气资源主要分布于陕北侏罗纪煤田、陕北三叠纪煤田、陕北石炭纪—二叠纪煤田、黄陇侏罗纪煤田以及渭北石炭纪—二叠纪煤田等5大煤田。全省2000米以浅煤层气资源量约1.31万亿立方米，保有资源储量居全国第4位。

按含气量及平面分布特点划分为3个类型。具有一定分布面积的矿区，有渭北石炭纪—二叠纪煤田的铜川、蒲白、澄合、韩城矿区和陕北石炭纪—二叠纪煤田的府谷、吴堡矿区（勘探区）等6个含气区；分布面积较小，并以孤立点出现的矿区，有黄陇侏罗纪煤田的黄陵、焦坪和彬长矿区等3个含气区；单层可采烃类气体含量小的矿区（勘查区）有陕北侏罗纪煤田的神府、榆神、榆横、孟家湾矿区（勘查区）和陕北三叠纪煤田的子长矿区等5个含气区。

龙马溪组笔石页岩

牛蹄塘组碳质硅质页岩

陕西省综合成矿区（带）划分表

序号	Ⅰ级成矿区带（成矿域）	Ⅱ级成矿区带（成矿省）	Ⅲ级成矿区带
1	Ⅰ-4 古亚洲成矿域 （叠加滨太平洋成矿域）	Ⅱ-14 华北（陆块）成矿省	Ⅲ-59 鄂尔多斯西缘 Fe-Pb-Zn-磷-石膏-芒硝成矿带
2			Ⅲ-60 鄂尔多斯盆地U-油-气-煤-盐成矿区
3			Ⅲ-61 山西断隆（渭河盆地） Fe-铝土矿-石膏-煤-煤层气成矿带
4			Ⅲ-63 华北陆块南缘（小秦岭） Au-Mo-U-Nb-Pb-Fe成矿带
5	Ⅰ-2 秦祁昆成矿域 （叠加滨太平洋成矿域）	Ⅱ-5 阿尔金-祁连成矿省	Ⅲ-21 北祁连Cu-Pb-Zn-Fe-Cr-Au成矿带
6		Ⅱ-7 秦岭-大别成矿省（东段）	Ⅲ-66A 北秦岭Au-Cu-Pb-Zn-Sb-W-Rm成矿带
7			Ⅲ-66B 南秦岭Au-Cu-Pb-Zn-Sb-W-Rm成矿带
8	Ⅰ-4 古亚洲成矿域 （叠加滨太平洋成矿域）	Ⅱ-15 扬子成矿省	Ⅲ-73 龙门山-大巴山 Fe-Cu-Pb-Zn-Ni-Mn-Al成矿区

柳坪177井

延页平1井

Ⅲ-60

Ⅲ-21

Ⅲ-59

Ⅲ-61

Ⅲ-63

Ⅲ-66A

Ⅲ-66B

Ⅲ-73

镇地1井

图例

- 页岩气井
- 页岩气远景预测区
- 煤层气（页岩气资源潜力范围）
- 渭北石炭纪—二叠纪煤层气
- 黄陇侏罗纪煤层气
- 商洛二叠纪煤层气

35　0　35　70　105　140km

陕西省煤炭

神木柠条塔煤矿采煤工作面

白水刘家卓煤矿煤堆

陕西省煤炭资源丰富，主要分布在关中平原以北，包括陕北侏罗纪煤田、陕北三叠纪煤田、陕北石炭纪—二叠纪煤田、黄陇侏罗纪煤田、渭北石炭纪—二叠纪煤田等五大煤田，蕴藏着全省99%的煤炭储量，余者分布于陕南各地。全省累计查明煤炭资源储量1737.83亿吨，保有资源储量1671.94亿吨，保有资源储量居全国第4位，其中，低灰、低硫、高发热量的优质煤炭资源储量居全国首位。2018年陕西省生产原煤62324.50万吨，约占全国总量的16.90%，居全国第3位。

陕北侏罗纪煤田分布在陕北北部的府谷、神木、榆阳、横山、靖边、定边和吴起等地，面积约2.70万平方千米。

陕北三叠纪煤田分布于陕北中部的子长、延安和富县等地，面积为0.46万平方千米。

陕北石炭纪—二叠纪煤田分布于陕北东部的府谷、神木、佳县、绥德和吴堡一带，面积为0.17万平方千米。

黄陇侏罗纪煤田分布在渭北西部的黄陵、宜君、耀州、旬邑、淳化、彬州、长武、永寿、麟游、凤翔、千阳和陇县等地，面积约1.10万平方千米。

渭北石炭纪—二叠纪煤田分布于渭北东部的韩城、合阳、澄城、蒲城、白水、铜川、淳化一带，面积约1万平方千米。

镇巴三叠纪—侏罗纪煤田分布于陕南镇巴一带，面积约0.12万平方千米。

商洛二叠纪煤产地主要分布于陕南商州与洛南景村一带，面积近0.03万平方千米。

陕西省综合成矿区（带）划分表

序号	I级成矿区带（成矿域）	II级成矿区带（成矿省）	III级成矿区带
1			II-59 鄂尔多斯西缘 Fe-Pb-Zn-磷-石膏-芒硝成矿带
2	I-4 古亚洲成矿域（叠加滨太平洋成矿域）	II-14 华北(陆块)成矿省	II-60 鄂尔多斯盆地U-油-气-煤-盐成矿区
3			II-61 山西断隆(渭河盆地) Fe-铝土矿-石膏-煤-煤层气成矿带
4			II-63 华北陆块南缘(小秦岭) Au-Mo-U-Nb-Pb-Fe成矿带
5	I-2 秦祁昆成矿域（叠加滨太平洋成矿域）	II-5 阿尔金—祁连成矿省	II-21 北祁连Cu-Pb-Zn-Fe-Cr-Au成矿带
6		II-7 秦岭—大别成矿省(东段)	II-66A 北秦岭Au-Cu-Pb-Zn-Sb-W-Rm成矿带
7			II-66B 南秦岭Au-Cu-Pb-Zn-Sb-W-Rm成矿带
8	I-4 古亚洲成矿域（叠加滨太平洋成矿域）	II-15 扬子成矿省	II-73 龙门山—大巴山 Fe-Cu-Pb-Zn-Ni-Mn-Al成矿区

陕西省煤炭资源/储量一览表

单位：10^8 t

序号	煤田名称	累计查明资源/储量	保有资源/储量
1	陕北侏罗纪煤田	1289.78	1248.84
2	陕北三叠纪煤田	37.28	36.12
3	陕北石炭纪—二叠纪煤田	13.67	113.12
4	黄陇侏罗纪煤田	200.47	186.78
5	渭北石炭纪—二叠纪煤田	95.17	86.06
6	陕南煤产地	1.46	1.02

（注：截至2016年12月）

煤田边界
火烧边界
陕北侏罗纪煤田
陕北三叠纪煤田
陕北石炭纪—二叠纪煤田
黄陇侏罗纪煤田
渭北石炭纪—二叠纪煤田
镇巴三叠纪–侏罗纪煤田
商洛二叠纪煤产地

35 0 35 70 105 140km

陕西省非金属矿产

陕西省非金属矿产分布广泛。渭北及陕北以盐类、水泥用灰岩、化工用灰岩、玻璃用石英砂岩、黏土类等化工及建材矿产为主；陕南以磷、重晶石、萤石、硫铁矿等化工及化肥原料矿产，以及石墨、白云母、水晶、冶金白云岩、水泥灰岩等冶金辅助原料及建材工业原料矿产为主；关中地区以黏土类和河流中的砂石等建筑矿产为主。

陕西省已发现工业矿物类非金属矿产37种38个亚种，查明资源储量的有石盐、石墨、硫、砷（雄黄）、磷、萤石、水晶、石榴子石、红柱石、蓝晶石、夕线石、电气石、透辉石、透闪石、滑石、石棉、蓝石棉、云母、蛭石、长石、重晶石、毒重石、石膏、镁岩、芒硝等24种25个亚种。共计矿床104处，包括超大型矿床7处、大型矿床11处、中型矿床33处、小型矿床53处。

石盐矿主要分布在榆林市定边、神木、榆阳、佳县、米脂、吴堡以及延安市的延川、子长等地。累计发现石盐矿床10处，包括超大型矿床2处、大型矿床2处、中型矿床3处、小型矿床3处。矿床类型主要有海相蒸发沉积型、陆相蒸发沉积型和现代盐湖（卤水）型，是陕西省的优势矿种，保有资源储量居全国第1位。

陕西省已发现工业岩石（土）类非金属矿产34种44个亚种，查明资源储量的有石灰岩、白云岩、石英岩、脉石英、砂岩、高岭土、海泡石、膨润土、陶瓷黏土、耐火黏土、泥炭、蛇纹岩、花岗岩、辉长岩、大理岩、饰面大理岩、片麻岩、绢英岩、页岩、板岩等20种30个亚种。共计矿床206处，包括超大型矿床7处、大型矿床52处、中型矿床78处、小型矿床69处。石灰岩（水泥灰岩）保有资源储量居全国第4位。

石盐取心

安康石梯重晶石矿石

延1井巨晶石盐

陕西省综合成矿区（带）划分表

序号	Ⅰ级成矿区带（成矿域）	Ⅱ级成矿区带（成矿省）	Ⅲ级成矿区带
1	Ⅰ-4 古亚洲成矿域（叠加滨太平洋成矿域）	Ⅱ-14 华北(陆块)成矿省	Ⅱ-59 鄂尔多斯西缘Fe-Pb-Zn-磷-石膏-芒硝成矿带
2			Ⅱ-60 鄂尔多斯盆地U-油-气-煤-盐成矿区
3			Ⅱ-61 山西断陷(渭河盆地)Fe-铝土矿-石膏-煤-煤层气成矿带
4			Ⅱ-63 华北陆块南缘(小秦岭)Au-Mo-U-Nb-Pb-Fe成矿带
5	Ⅰ-2 秦祁昆成矿域（叠加滨太平洋成矿域）	Ⅱ-5 阿尔金—祁连成矿省	Ⅱ-21 北祁连Cu-Pb-Zn-Fe-Cr-Au成矿带
6		Ⅱ-7 秦岭—大别成矿省（东段）	Ⅱ-66A 北秦岭Au-Cu-Pb-Zn-Sb-W-Rm成矿带
7			Ⅱ-66B 南秦岭Au-Cu-Pb-Zn-Sb-W-Rm成矿带
8	Ⅰ-4 古亚洲成矿域（叠加滨太平洋成矿域）	Ⅱ-15 扬子成矿省	Ⅱ-73 龙门山—大巴山Fe-Cu-Pb-Zn-Ni-Mn-Al成矿区

非金属矿产类型与规模

矿种	规模				矿种	规模			
	超大型	大型	中型	小型		超大型	大型	中型	小型
石墨		◆	◆	◆	石榴子石			⬡	
砷矿				△	石膏	◆		◆	◆
硫铁矿			▲	▲	电气石		◈		
磷矿	▽		▼	▼	红柱石			△	
重晶石毒重石		▲	▲		透辉石	◆	◆		◆
石盐		◗	◗		透闪石			◆	
萤石			▲	▲	石棉		◈	◈	
水晶		◣	▲		云母			◆	◆
长石	◆	◆		◆	黏土		■	■	■
滑石			◆		高岭土	◆	◆	◆	
蛭石		◆			脉石英			▲	▲

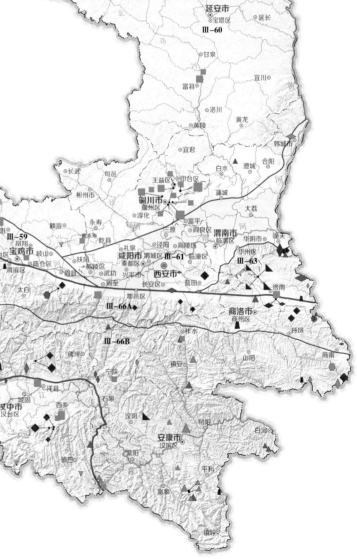

35 0 35 70 105 140km

陕西省贵金属矿产

　　陕西省已发现金、银及铂族元素（钌、铑、钯、锇、铱、铂）中的钌、锇、铱等5种贵金属矿床197处，包括超大型矿床1处、大型矿床9处、中型矿床26处、小型矿床161处。累计查明金资源储量812.34吨，保有资源储量436.58吨，居全国第12位；银资源储量5771.62吨，保有资源储量2200.50吨，居全国第23位。铂族元素矿产均为伴生矿点。

　　金矿主要分布在潼关—洛南、凤县—太白、镇安—旬阳、勉县—略阳、石泉—安康等地。全省已发现金矿床136处，包括超大型岩金矿床1处、大型岩金矿床6处、砂金矿床1处、中型岩金矿床16处、砂金矿床7处、小型岩金矿床85处、砂金20处。矿床类型有岩浆热液型、接触交代型、受变质型、含矿流体型和砂矿型5种，以含矿流体型和岩浆热液型矿床为主，砂矿型矿床次之。含矿流体型金矿以镇安金龙山超大型金矿和凤县八卦庙大型金矿为代表，岩浆热液脉型金矿以潼关金矿为代表，砂矿型金矿则以安康恒口砂金矿为代表。

　　银矿主要分布在商洛市柞水县小岭乡大西沟—银洞子，汉中市勉县—略阳—宁强、留坝县八卦山和南郑区楠木树，宝鸡市凤太和眉县铜峪一带。全省已发现银矿床61处，包括大型矿床2处、中型矿床3处、小型矿床56处。矿床类型主要为岩浆型、变质型和含矿流体型。

凤县四方金矿矿石

略阳煎茶岭原生金矿石

略阳何家岩金矿硐

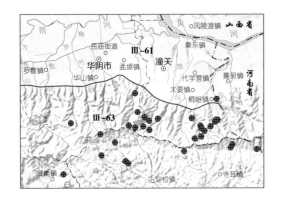

陕西省综合成矿区（带）划分表

序号	I级成矿区带（成矿域）	II级成矿区带（成矿省）	III级成矿区带
1	I-4 古亚洲成矿域 （叠加滨太平洋成矿域）	II-14 华北（陆块）成矿省	II-59 鄂尔多斯西缘 Fe-Pb-Zn-磷-石膏-芒硝成矿带
2			II-60 鄂尔多斯盆地U-油-气-煤-盐成矿区
3			II-61 山西断隆（渭河盆地） Fe-铝土矿-石膏-煤-煤层气成矿带
4			II-63 华北陆块南缘（小秦岭） Au-Mo-U-Nb-Pb-Fe成矿带
5	I-2 秦祁昆成矿域 （叠加滨太平洋成矿域）	II-5 阿尔金—祁连成矿省	II-21 北祁连Cu-Pb-Zn-Fe-Cr-Au成矿带
6		II-7 秦岭—大别成矿省 （东段）	II-66A 北秦岭Au-Cu-Pb-Zn-Sb-W-Rm成矿带
7			II-66B 南秦岭Au-Cu-Pb-Zn-Sb-W-Rm成矿带
8	I-4 古亚洲成矿域 （叠加滨太平洋成矿域）	II-15 扬子成矿省	II-73 龙门山—大巴山 Fe-Cu-Pb-Zn-Ni-Mn-Al成矿区

贵金属矿产类型与规模

矿种	规模			
	超大型	大型	中型	小型
岩金	⊕	⊕	⊕	⊕
砂金		⊖	⊖	⊖
银		⊕		⊕

35 0 35 70 105 140km

陕西省三稀矿产

　　三稀矿产是稀土、稀有和分散（也称为稀散）元素矿产资源的简称，包括钪、钇和镧系等17种稀土元素，铌、钽、铍、锂、锆、锶、铷、铯9种稀有金属元素，以及锗、镓、铟、铊、铼、镉、硒、碲8种分散元素。

　　陕西省已发现三稀矿产：稀土金属矿产，铌、钽、铍、锂、锆、锶、铷、铯8种稀有金属矿产，锗、镓、铟、铼、镉、硒、碲7种分散元素矿产。全省已发现三稀矿床27处，超大型锶（天青）矿床1处；大型矿床4处，锗、镓、铼、镉矿床各1处；中型矿床8处，稀土、铌、硒、碲矿床各1处，铼、镉矿床各2处；小型矿床14处，镉10处，铍、镓、铟、硒矿床各1处。

　　洛南黄龙铺钼矿中伴生中型稀土和超大型锶矿床，矿床类型为岩浆热液型。累计查明稀土总量36.42万吨，居全国第8位；累计查明锶资源储量691.27万吨，居全国第3位。

　　华阳川铀铌铅矿中共生中型铌矿床，铌与铀、铅共生，矿床类型为岩浆热液型，累计查明铌资源储量2.64万吨。

　　铍（绿柱石）矿主要分布在商洛市丹凤—商南和汉中市洋县—佛坪一带，矿床类型为花岗伟晶岩型，累计查明铍资源储量42吨。

　　分散元素矿产均属伴生矿。其中铼、锗、碲3种矿产查明及保有资源储量居全国前10。

绿柱石

镇安核桃坪钨矿伴生的绿柱石

烧绿石——一种含铌的矿物

含金属铼的辉钼矿

金堆城钼矿石

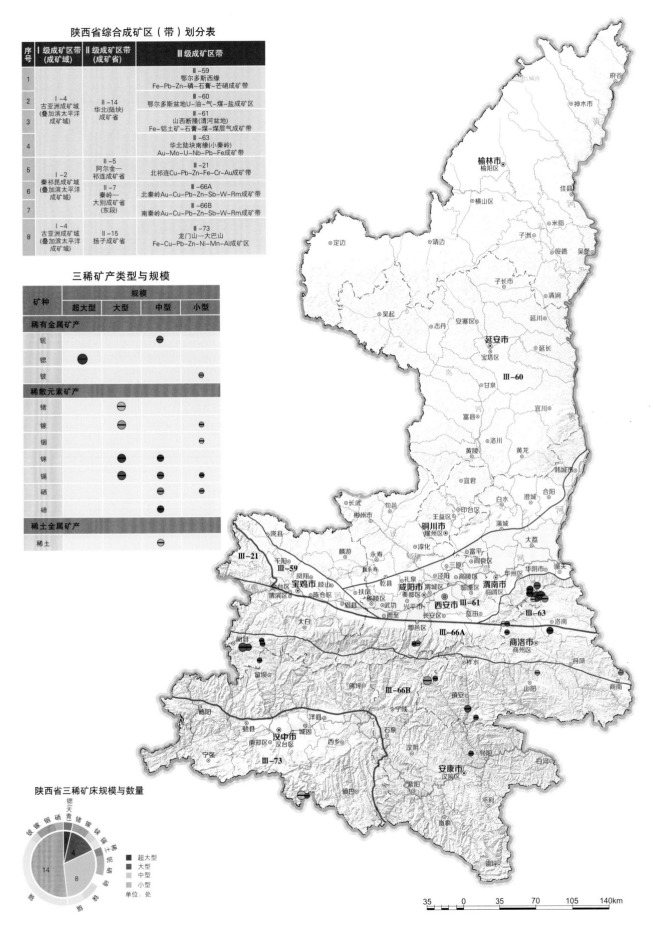

陕西省综合成矿区（带）划分表

序号	Ⅰ级成矿区带（成矿域）	Ⅱ级成矿区带（成矿省）	Ⅲ级成矿区带
1			Ⅱ-59 鄂尔多斯西缘 Fe-Pb-Zn-磷-石膏-芒硝成矿带
2	Ⅰ-4 古亚洲成矿域（叠加滨太平洋成矿域）	Ⅱ-14 华北（陆块）成矿省	Ⅱ-60 鄂尔多斯盆地U-油-气-煤-盐成矿区
3			Ⅱ-61 山西断隆（渭河盆地）Fe-铝土矿-石膏-煤-煤层气成矿带
4			Ⅱ-63 华北陆块南缘（小秦岭）Au-Mo-U-Nb-Pb-Fe成矿带
5	Ⅰ-2 秦祁昆成矿域（叠加滨太平洋成矿域）	Ⅱ-5 阿尔金—祁连成矿省	Ⅱ-21 北祁连Cu-Pb-Zn-Fe-Cr-Au成矿带
6		Ⅱ-7 秦岭—大别成矿省（东段）	Ⅱ-66A 北秦岭Au-Cu-Pb-Zn-Sb-W-Rm成矿带
7			Ⅱ-66B 南秦岭Au-Cu-Pb-Zn-Sb-W-Rm成矿带
8	Ⅰ-4 古亚洲成矿域（叠加滨太平洋成矿域）	Ⅱ-15 扬子成矿省	Ⅱ-73 龙门山—大巴山 Fe-Cu-Pb-Zn-Ni-Mn-Al成矿区

三稀矿产类型与规模

矿种	规模			
	超大型	大型	中型	小型
稀有金属矿产				
铌			⊖	
锶	●			
铍				⊖
稀散元素矿产				
锗		⊖		
镓		⊖		⊖
铟				⊖
铼			●	●
镉			●	⊖
硒			●	⊖
碲			●	
稀土金属矿产				
稀土			⊖	

陕西省三稀矿床规模与数量

铍 镓 铟 硒 锶（天青石） 锗 镉 铼 稀土 碲 铌 铍

4

14

8

■ 超大型
■ 大型
□ 中型
□ 小型

单位：处

Ⅲ-21
Ⅲ-59
Ⅲ-60
Ⅲ-61
Ⅲ-63
Ⅲ-66A
Ⅲ-66B
Ⅲ-73

榆林市 榆阳区
延安市 宝塔区
铜川市 耀州区
宝鸡市
咸阳市
西安市
渭南市 临渭区
商洛市 商州区
汉中市 汉台区
安康市 汉滨区

35 0 35 70 105 140km

陕西省黑色金属矿产

陕西省已发现黑色金属（铁、锰、铬、钒、钛）矿床126处，包括大型矿床8处、中型矿床28处、小型矿床90处，主要分布在陕南秦巴山地。钒、铬铁、锰、铁矿保有资源储量分别居全国第6位、第11位、第13位、第15位。

钒矿主要集中分布在商洛市柞水—商南地区以及安康市、汉中市等地。全省已发现钒矿床31处，包括中型矿床11处、小型矿床20处。矿床类型主要为海相沉积型，下寒武系统水沟口组、石牌组和鲁家坪组的黑色岩系是沉积型钒矿的含矿建造。钒矿是陕西省优势矿种之一。

铬铁矿主要分布在商洛市和汉中市。全省已发现小型铬铁矿床3处。矿床类型均为岩浆型。

锰矿主要分布在汉中市天台山—宁强县黎家营地区以及安康市、商洛市等地。全省已发现锰矿床13处，包括中型矿床3处、小型矿床10处。矿床类型为海相沉积型。

铁矿主要分布在汉中市勉县—略阳—阳平关地区、洋县毕机沟地区，安康市紫阳—镇坪地区以及商洛市柞水—山阳地区。全省已发现铁矿床68处，包括大型矿床4处、中型矿床10处、小型矿床54处。矿床类型主要有岩浆分结型、层控热液型和火山—沉积变质型。

钛矿主要分布在安康市、商洛市和汉中市。独立钛矿产地较少，共伴生矿产地较多。全省已发现钛矿床11处，包括大型矿床4处、中型矿床4处、小型矿床3处。矿床类型主要为岩浆分结型。

汉中天台山锰矿石

紫阳硬锰矿

洛南木龙沟铁矿矿石

陕西省综合成矿区（带）划分表

序号	I级成矿区带（成矿域）	II级成矿区带（成矿省）	III级成矿区带
1			III-59 鄂尔多斯西缘 Fe-Pb-Zn-磷-石膏-芒硝成矿带
2	I-4 古亚洲成矿域 （叠加滨太平洋成矿域）	II-14 华北(陆块)成矿省	III-60 鄂尔多斯盆地U-油-气-煤-盐成矿区
3			III-61 山西断陷(清河盆地) Fe-铝土矿-石膏-煤-煤层气成矿带
4			III-63 华北陆块南缘(小秦岭) Au-Mo-U-Nb-Pb-Fe成矿带
5	I-2 秦祁昆成矿域 （叠加滨太平洋成矿域）	II-5 阿尔金—祁连成矿省	III-21 北祁连Cu-Pb-Zn-Fe-Cr-Au成矿带
6		II-7 秦岭—大别成矿省（东段）	III-66A 北秦岭Au-Cu-Pb-Zn-Sb-W-Rm成矿带
7			III-66B 南秦岭Au-Cu-Pb-Zn-Sb-W-Rm成矿带
8	I-4 古亚洲成矿域 （叠加滨太平洋成矿域）	II-15 扬子成矿省	III-73 龙门山—大巴山 Fe-Cu-Pb-Zn-Ni-Mn-Al成矿区

黑色金属矿产类型与规模

矿种	规模		
	大型	中型	小型
铁	●	●	●
锰		●	●
铬			●
钒		●	●
钛	●	●	●

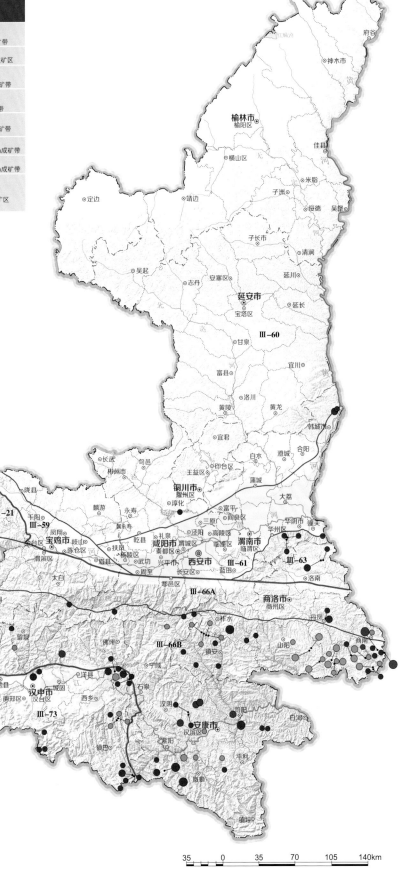

35 0 35 70 105 140km

陕西省有色金属矿产

陕西省已发现铜、铅、锌、铝、镁、镍、钴、钨、锡、钼、铋、汞、锑等全部13种有色金属矿产。全省已发现有色金属矿床226处（含共伴生矿），包括超大型矿床1处、大型矿床10处、中型矿床32处、小型矿床183处。查明资源储量的有铜、铅、锌、铝、镍、钴、钨、钼、汞、锑等10个矿种。钼、汞、镍保有资源储量分别居全国第7位、第9位、第9位。

铜矿主要分布在渭南市、商洛市、汉中市和安康市。全省已发现铜矿床49处，包括中型矿床2处、小型矿床47处。矿床类型主要为斑岩型和构造热液型。

铅锌矿主要分布在宝鸡市、安康市和商洛市。全省已发现铅锌矿床73处，包括大型矿床4处、中型矿床16处、小型矿床53处。矿床类型主要为层控热液型和岩浆热液脉型。

铝土矿主要分布在榆林市，其次在铜川市、渭南市、汉中市。全省已发现铝土矿床6处，包括中型矿床1处、小型矿床5处。矿床类型主要为陆相沉积型。

镍矿集中分布在汉中市略阳县煎茶岭地区。全省已发现镍矿床2处，大型矿床和小型矿床各1处。矿床类型为岩浆岩型。

钴矿主要分布在商洛市、汉中市，均属伴生矿。全省已发现伴生钴矿床6处，包括中型矿床1处、小型矿床5处。

钨矿主要分布在安康市宁陕县—商洛市镇安县西部。全省已发现钨矿床2处，大型矿床1处、小型矿床1处。矿床类型主要为接触交代型、岩浆热液脉型和残坡积型。

钼矿主要分布在渭南市和商洛市。全省已发现钼矿床23处，包括超大型矿床1处、大型矿床2处、中型矿床3处、小型矿床17处。矿床类型主要为岩浆热液脉型和斑岩型。

汞矿主要分布在安康市、商洛市和宝鸡市。全省已发现汞矿床8处，包括大型矿床2处、中型矿床2处、小型矿床4处。矿床类型主要为热液型。

锑矿主要分布在安康市和商洛市。全省已发现锑矿床8处，包括中型矿床4处、小型矿床4处。矿床类型主要为热液型。

煎茶岭镍矿石

接触交代型白钨矿矿石

方铅矿矿石

石英脉型钨矿脉

陕西省综合成矿区（带）划分表

序号	I 级成矿区带（成矿域）	II 级成矿区带（成矿省）	III 级成矿区带
1	I-4 古亚洲成矿域 （叠加滨太平洋成矿域）	II-14 华北（陆块）成矿省	II-59 鄂尔多斯西缘 Fe-Pb-Zn-磷-石膏-芒硝成矿带
2			II-60 鄂尔多斯盆地U-油-气-煤-盐成矿区
3			II-61 山西断隆（渭河盆地） Fe-铝土矿-石膏-煤-煤层气成矿带
4			II-63 华北陆块南缘（小秦岭） Au-Mo-U-Nb-Pb-Fe-Au成矿带
5	I-2 秦祁昆成矿域 （叠加滨太平洋成矿域）	II-5 阿尔金一祁连成矿省	II-21 北祁连Cu-Pb-Zn-Fe-Cr-Au成矿带
6		II-7 秦岭一大别成矿省（东段）	II-66A 北秦岭Au-Cu-Pb-Zn-Sb-W-Rm成矿带
7			II-66B 南秦岭Au-Cu-Pb-Zn-Sb-W-Rm成矿带
8	I-4 古亚洲成矿域 （叠加滨太平洋成矿域）	II-15 扬子成矿省	II-73 龙门山一大巴山 Fe-Cu-Pb-Zn-Ni-Mn-Al成矿区

有色金属矿产类型与规模

矿种	规模			
	超大型	大型	中型	小型
铜			●	●
铅			●	●
锌		●	●	●
铝土矿			●	
镍		●		●
钴				●
钨			●	
钼	●	●	●	●
汞		●	●	●
锑			●	●

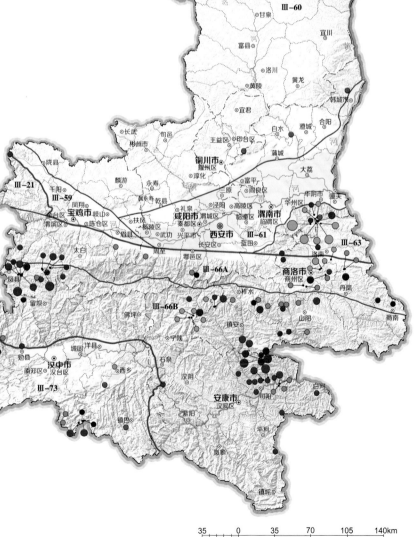

陕西省玉石及观赏石

陕西省自古盛产玉石，已发现蓝田玉、汉中玉、洛南秦紫玉、富平墨玉、白河绿松石和旬阳鸡血玉6处玉石矿产地。

蓝田玉与和田玉、独山玉、岫玉齐名，是中国四大名玉之一，主要分布在西安市蓝田县辋川镇—红门寺村一带，以蛇纹石化大理石玉为主。

汉中玉主要分布在汉中市南郑区碑坝镇一带，赋存于大理岩与中—基性岩浆岩体接触带矽卡岩中，已发现有蛇纹石玉、透辉石玉、花玉、云母玉等。

洛南秦紫玉主要分布在商洛市洛南县一带，以石英质玉石为主。

富平墨玉主要分布在咸阳市乾县，渭南市富平县及蒲城县一带，赋存于奥陶系石灰岩地层中。

白河绿松石主要分布在安康市白河县及平利县一带，由风化淋滤作用形成。

旬阳鸡血石分布在安康市旬阳县公馆——青铜沟汞锑矿区，与汞锑矿伴生。

陕西省观赏石种类较多，资源丰富，主要有造型石、图纹石、矿物晶体、化石等4类30余种。

造型石、图纹石、矿物晶体类观赏石主要分布在陕南秦巴山地。造型石类观赏石主要有秦岭石、华山石等；图纹石类观赏石主要有汉江石、泾河石、渭河石、旬河石、黑河石、太平河石、洛河源头石、陈炉石等；矿物晶体类观赏石有黄铁矿、方铅矿、辉锑矿、辰砂、孔雀石蓝铜矿共生体、水晶、萤石、方解石、橄榄石等。

化石类观赏石在全省均有分布，主要有菊石、珊瑚、腕足类化石、哺乳动物化石、动物足迹、树化石（硅化木）和叠层石等。

蓝田玉

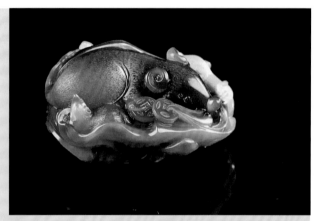

洛南秦紫玉

白河绿松石

旬阳鸡血玉

陕西省综合成矿区（带）划分表

序号	Ⅰ级成矿区带（成矿域）	Ⅱ级成矿区带（成矿省）	Ⅲ级成矿区带
1	I-4 古亚洲成矿域（叠加滨太平洋成矿域）	II-14 华北(陆块)成矿省	Ⅲ-59 鄂尔多斯西缘 Fe-Pb-Zn-磷-石膏-芒硝成矿带
2			Ⅲ-60 鄂尔多斯盆地U-油-气-煤-盐成矿区
3			Ⅲ-61 山西断隆(渭河盆地) Fe-铝土矿-石膏-煤-煤层气成矿带
4			Ⅲ-63 华北陆块南缘(小秦岭) Au-Mo-U-Nb-Pb-Fe成矿带
5	I-2 秦祁昆成矿域（叠加滨太平洋成矿域）	II-5 阿尔金—祁连成矿省	Ⅲ-21 北祁连Cu-Pb-Zn-Fe-Cr-Au成矿带
6		II-7 秦岭—大别成矿省（东段）	Ⅲ-66A 北秦岭Au-Cu-Pb-Zn-Sb-W-Rm成矿带
7			Ⅲ-66B 南秦岭Au-Cu-Pb-Zn-Sb-W-Rm成矿带
8	I-4 古亚洲成矿域（叠加滨太平洋成矿域）	II-15 扬子成矿省	Ⅲ-73 龙门山—大巴山 Fe-Cu-Pb-Zn-Ni-Mn-Al成矿区

观赏石类型与规模

规模	矿种								
	造型石			图纹石			矿物晶体		
	山采石	水冲石	洞穴石	山采石	水冲石	洞穴石	山采石	水冲石	洞穴石
大型									
中型									
小型									

规模	矿种	
	动物化石	植物化石
大型		
中型		
小型		

陕西省主要玉石产地

图面编号	名称
❶	蓝田玉
❷	汉中玉
❸	洛南秦紫玉
❹	富平墨玉
❺	白河绿松石
❻	旬阳鸡血石

陕西省浅层地热能

浅层地热能

地下水地源热泵系统适宜性分区

- 地下水地源热泵系统适宜区
- 地下水地源热泵系统较适宜区

地埋管地源热泵系统适宜性分区

- 地埋管地源热泵系统适宜区
- 地埋管地源热泵系统较适宜区
- 地埋管地源热泵系统不适宜区

其他

- 地下水地源热泵
- 地埋管地源热泵
- 污水源热泵
- 中水源热泵
- 地下水地源热泵适宜性分区界
- 地埋管地源热泵适宜性分区界

35　0　35　70　105　140km

陕西省地热资源丰富，分布范围广阔。目前，可利用的地热资源主要包括天然出露的温泉、通过热泵技术开采利用的浅层地热能、通过人工钻井直接开采利用的地热流体以及干热岩体中的地热资源。

浅层地热能在全省广泛分布，有地下水地源热泵和地埋管地源热泵两种开发利用方式。

地下水地源热泵系统适宜区，主要分布在关中平原地区渭河及其主要支流的漫滩及I级阶地，陕南秦巴山地汉江及其主要支流的漫滩及I级阶地，面积3071.09平方千米，占全省国土面积的1.49%。

地下水地源热泵系统较适宜区，主要分布在关中平原渭河及其主要支流的II级阶地及部分III级阶地，陕南秦巴山地汉中盆地、安康月河盆地、商丹盆地内汉江及其主要支流的II级阶地，面积3231.22平方千米，占全省国土面积的1.57%。

地埋管地源热泵系统适宜区，主要分布在关中平原渭河及其支流的部分漫滩及I、II级阶地，陕南秦巴山地地区汉江及其支流的漫滩及I、II级阶地区，陕北地区沙漠高原区，面积24166.50平方千米，占全省国土面积的11.76%。

地埋管地源热泵系统较适宜区，主要分布在关中平原渭河III级以上阶地及黄土台塬区，陕南秦巴山地中汉江及其支流的高阶地区，面积68114.68平方千米，占全省国土面积的33.13%。

陕西省10个设区市和杨凌示范区，约3264.12平方千米的主城区，浅层地热能热容量为每摄氏度1.50×10^{15}千焦，相当于6524万吨标准煤，冬季可供暖面积为9.17亿平方米，夏季可制冷面积为8.94亿平方米。

陕西省关中地区及周边中深层地热资源

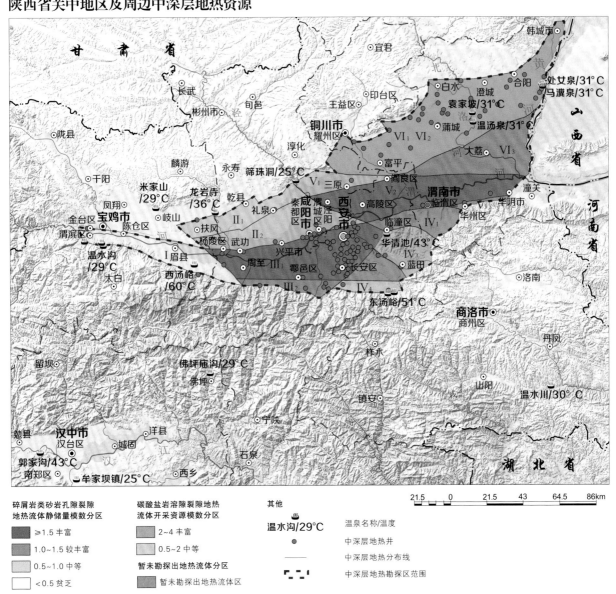

碎屑岩类砂岩孔隙裂隙地热流体静储量模数分区
- ≥1.5 丰富
- 1.0~1.5 较丰富
- 0.5~1.0 中等
- <0.5 贫乏

碳酸盐岩溶隙裂隙地热流体开采资源模数分区
- 2~4 丰富
- 0.5~2 中等

暂未勘探出地热流体分区
- 暂未勘探出地热流体区

其他
- 温水沟/29℃ 温泉名称/温度
- 中深层地热井
- 中深层地热分布线
- 中深层地热勘探区范围

21.5 0 21.5 43 64.5 86km

碎屑岩类砂岩孔隙裂隙地热流体资源量一览表

编号（构造单元）	地热流体静储模数/ （10⁸ m³/km²）	可开采地热流体量/ （10⁸ m³）	地热流体静储量/ （10⁸ m³）	地热资源量/ （10¹⁸ kcal）
Ⅰ（宝鸡凸起）	0.12	1.16	143.91	14.98
Ⅱ₂（杨凌—咸阳断阶）	0.86	10.80	1341.33	182.99
Ⅲ₁（西安断凹）	2.04	38.30	4757.79	445.13
Ⅲ₂（余下断阶）	1.15	4.27	530.06	42.16
Ⅳ₁（渭南断阶）	1.12	5.87	729.74	55.34
Ⅳ₃（白鹿塬断阶）	1.09	3.82	474.26	36.86
Ⅳ₄（焦岱断阶）	0.66	1.51	187.70	16.80
Ⅴ₁（三原断阶）	0.90	3.86	479.47	58.33
Ⅴ₂（固市断凹）	1.56	31.70	3938.05	588.11
Ⅴ₃（二华断阶）	1.08	1.79	97.59	21.08
Ⅵ₃（大荔断阶）	1.14	16.92	2101.27	270.97

碳酸盐岩溶隙裂隙地热流体资源量一览表

编号（构造单元）	可采地热流体 （10⁴ m³/d）	可采流体资源模数/ [10⁴ m³/（a·km²）]
Ⅱ₁（扶风—礼泉断阶）	6	1.94
Ⅵ₁、Ⅵ₂（富平蒲城断阶、东王凸起）	48	3.51

中深层地热资源丰富，目前共有温泉群18处，地热井490眼，开采深度340～4500米，水温25～128℃。著名的温泉有华清池、东汤峪、西汤峪等温泉群。

中深层地热资源主要分布在关中盆地，按照地热流体赋存空间的不同分为盆地中部新生界孔隙裂隙型、秦岭山前构造裂隙型和渭北古生界岩溶溶隙裂隙型，此外在陕南地区有个别温泉出露，在陕北地区局部存在地热异常。新生界孔隙裂隙型地热资源主要分布在关中盆地中部，储量丰富，以孔隙裂隙水为主，分布受赋存地层的沉积环境和岩性影响，呈现出层控特点。秦岭山前构造裂隙型地热资源分布在秦岭北麓的山前地区，沿山前断裂呈条带状分布。渭北古生界岩溶溶隙裂隙型地热资源分布在关中盆地北缘，其分布与断裂带特别是活动断裂、古喀斯特等有关。

关中盆地中深层地热资源属中低温地热资源，总热量为3.23×10^{18}千卡，相当于标煤4.61千亿吨，可利用的热量为1.93×10^{18}千卡，相当于标煤2.76千亿吨。

陕西省干热岩资源调查研究尚处于起步阶段，初步查明境内东秦岭地区分布有干热岩资源。

陕西省关中地区氦气

陕西省氦气主要分布在关中渭河盆地，氦气资源勘探前景良好。

钻孔样品氦气体积分数平均为1.50%，最高达9.23%。氦源岩、地下水系统、载体气和断裂是氦气生成、运移和成藏的控制条件，其中，盆地南缘花岗岩体和盆地内部隐伏磁性体是盆地最主要的氦源岩；根据盆地内地热流体储量、气水比、氦气体积分数估算出盆地内氦气资源量为21.30亿立方米；根据氦源岩有效面积、水循环深度、岩体密度、铀钍含量估算得出自花岗岩体形成、盆地断陷和储层形成后的生氦量分别为185.31亿立方米、37.58亿立方米、4.16亿立方米。初步圈定了华阴—潼关、武功—咸阳、鄠邑—蓝田等3处氦气远景区和渭南—固市油气远景区，为后续工作明确了方向。

2018年8月，陕西渭南市华州–华阴地区地热水及氦气普查探矿权成功获批，属全国首个氦气探矿权，矿权面积253.74平方千米，为开展渭河盆地氦气勘查利用奠定了坚实基础。

野外记录

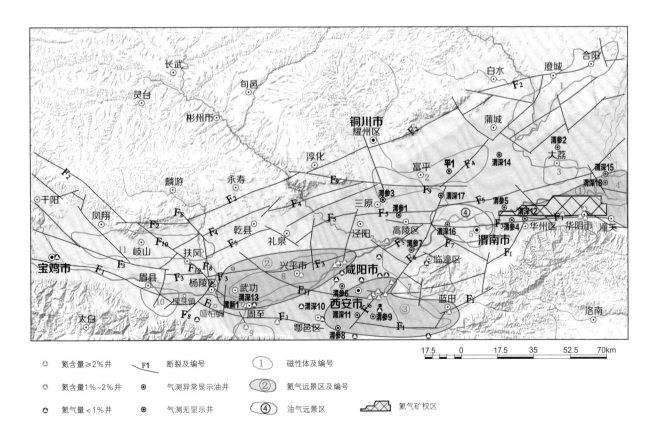

氦含量≥2%井	F1 断裂及编号	① 磁性体及编号
氦含量1%~2%井	气测异常显示油井	② 氦气远景区及编号
氦含量<1%井	气测无显示井	④ 油气远景区 · 氦气矿权区

17.5 0 17.5 35 52.5 70km

摄于 乾坤湾

四　水资源

陕西省水资源利用现状

　　2018年，陕西省总用水量93.72亿立方米（不含水力发电），其中，农灌用水量47.21亿立方米，林牧渔畜用水量9.86亿立方米，工业用水量14.49亿立方米，居民生活用水量14.03亿立方米，城镇公共用水量3.37亿立方米，生态环境用水量4.76亿立方米。

　　人均年利用水量差异明显，西安、铜川、延安、商洛等市每年人均利用水量小于200立方米/年，宝鸡、咸阳、渭南、榆林、安康等市200～400立方米/年，汉中市大于400立方米/年。

2015—2018年陕西省设区市水资源利用量

名称	供水量/10⁸ m³	人口/万人	人均水资源利用量/(m³/a)
西安市	18.85	1000.37	188.43
宝鸡市	8.10	377.10	214.80
咸阳市	10.86	436.62	248.73
铜川市	0.86	80.37	107.01
渭南市	15.40	532.77	289.06
延安市	2.65	225.94	117.29
榆林市	8.14	341.78	238.16
汉中市	16.51	343.61	480.49
安康市	7.36	266.89	275.77
商洛市	3.06	238.02	128.56
合计	91.79	3843.47	2288.3

2018年陕西省供水构成

2.80%
33.87%
总供水量
93.72 × 10⁸ m³
63.33%

地表水
地下水
其他用水

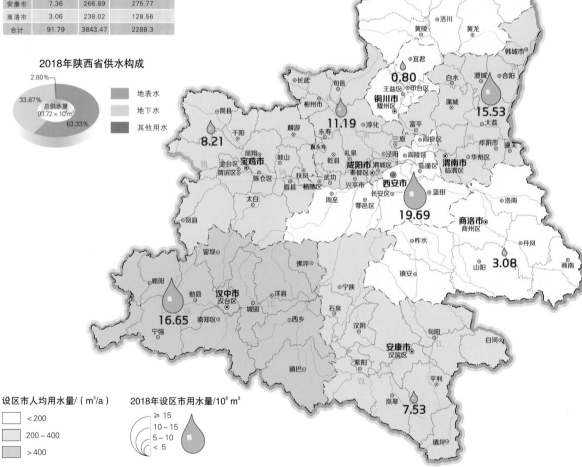

设区市人均用水量/（m³/a）
- < 200
- 200～400
- > 400

2018年设区市用水量/10⁸ m³
- ≥ 15
- 10～15
- 5～10
- < 5

35　0　35　70　105　140km

陕西省水域构成

　　陕西省水域总面积1222.45平方千米，其中，湖泊总面积72.12平方千米，水库总面积421.26平方千米，坑塘总面积176.40平方千米，河渠面积552.67平方千米。

　　现有库容量最大的水库为安康（瀛湖）水库，在建库容量最大的水库为东庄水库，城市供水能力最大的为金盆水库，日均为西安供水110万吨，年供水4亿吨。

　　全省水域主要分布在榆林市、汉中市和渭南市。其中，榆林市水域面积最大，为259.09平方千米；铜川市水域面积最小，为10.81平方千米。

安康（瀛湖）水库

设区市水域面积占比
- ≤ 2.5‰
- 2.5‰ ~ 5.0‰
- 5.0‰ ~ 7.5‰
- 7.5‰ ~ 10.0‰
- > 10.0‰

水域面积构成
- ≥ 200
- 100 ~ 200
- 50 ~ 100
- < 50

- 河渠
- 湖泊
- 库塘

陕西省河渠构成

　　陕西省河渠总长度177570.69千米，长度大于100千米的河流共计51条。

　　从空间分布看，榆林市河渠长度最长，为29197.35千米；铜川市河渠长度最短，为2404.35千米。

　　河网最为密集的为安康市，河网密度达到0.21千米/平方千米，河网密度最低的榆林市，仅0.10千米/平方千米。

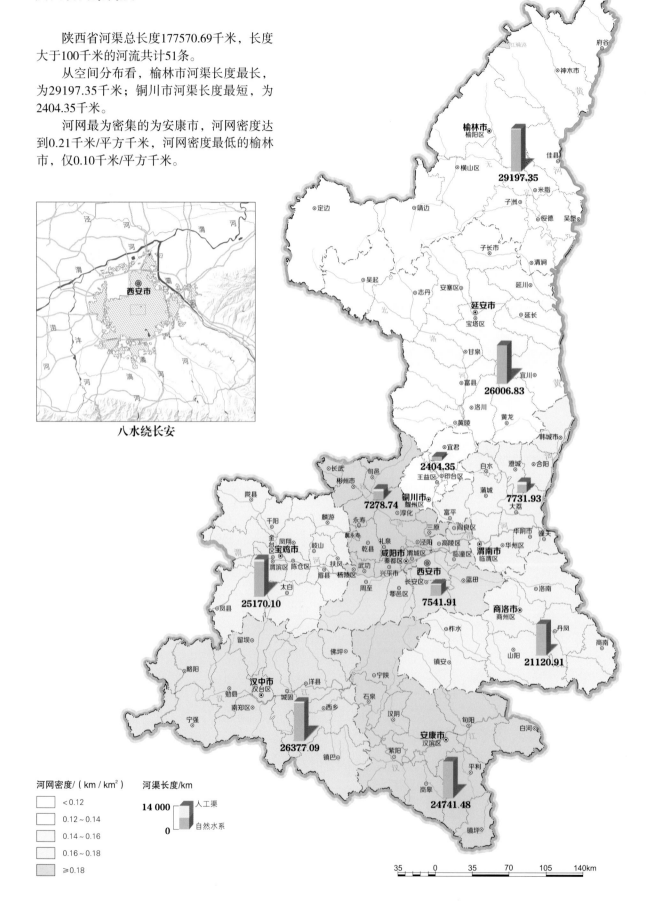

八水绕长安

河网密度/（km／km²）
　　□ < 0.12
　　□ 0.12 ~ 0.14
　　□ 0.14 ~ 0.16
　　□ 0.16 ~ 0.18
　　■ ≥ 0.18

河渠长度/km
14 000 ▮ 人工渠
0 ▮ 自然水系

陕西省降水量

　　2018年，陕西省平均年降水量703毫米，折合降水总量1445.34亿立方米，比多年平均多3.99%。

　　从时间分布上看，全省年平均降水量的60%～70%大都集中在6—10月。

　　从空间分布来看，呈由北向南递增特征。陕北高原为半干旱区，年平均降水量350～600毫米，长城沿线是全省降水最少的地区，年平均降水量仅340～450毫米，极端最小年平均降水量仅108.6毫米（神木市，1965年）。关中平原为半湿润区，年平均降水量600～700毫米。陕南秦巴山地为湿润区，年平均降水量700～1200毫米，巴山是省内降水量最多地区，年平均降水量900～1600毫米，极端最大年降水量2023毫米（宁强县，1981年）。

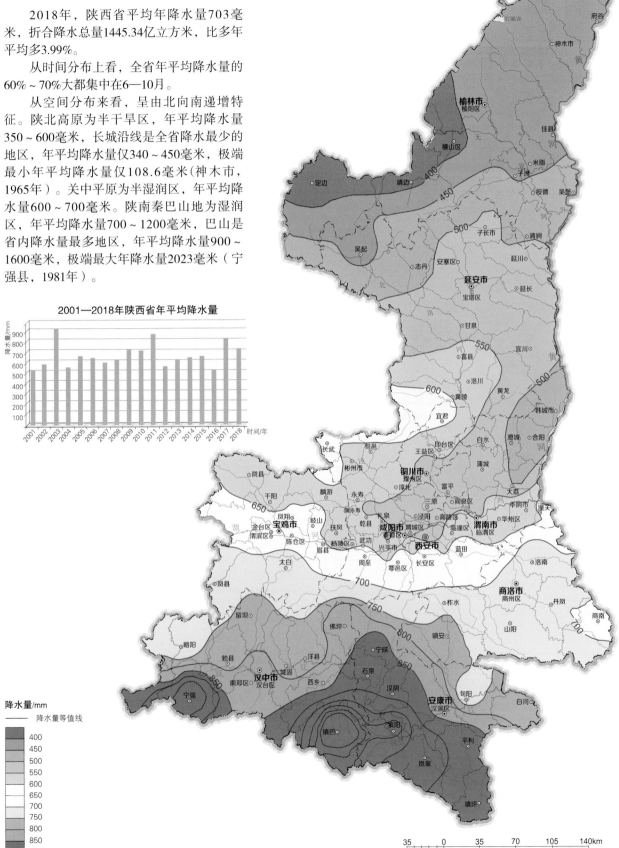

2001—2018年陕西省年平均降水量

降水量/mm
—— 降水量等值线

400
450
500
550
600
650
700
750
800
850

陕西省水资源

2018年，全省水资源总量371.43亿立方米，地表水资源量347.55亿立方米，地下水资源量125.03亿立方米，地下水资源与地表水资源重复计算量101.15亿立方米，产水模数18.07万立方米/平方千米。全年水资源总量在全国排名第21位，低于全国平均水平。

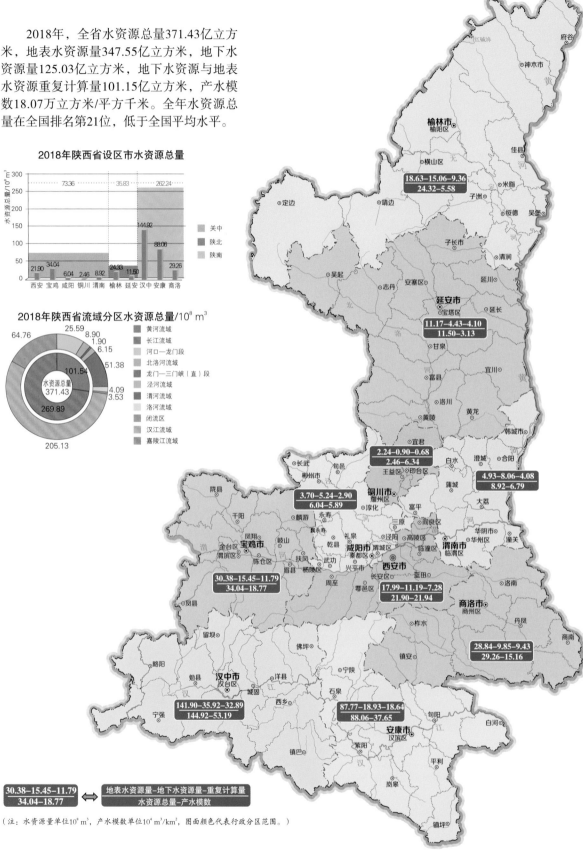

2018年陕西省设区市水资源总量

2018年陕西省流域分区水资源总量/10⁸ m³

| 30.38-15.45-11.79 | ⟷ | 地表水资源量-地下水资源量-重复计算量 |
| 34.04-18.77 | | 水资源总量-产水模数 |

（注：水资源量单位10⁸ m³，产水模数单位10⁴ m³/km²，图面颜色代表行政分区范围。）

陕西省地表水

　　陕西省地表水资源在空间分布上表现为南多北少。秦岭以南是陕西省降水量和径流量最丰富的地区，也是河网密度最大的区域，一般在0.50千米/平方千米以上，属足水—多水带。长江的支流汉江和嘉陵江，丰水期、枯水期流量相对变化小，水质良好，河窄水深，水流湍急，多峡谷瀑布，水资源丰富。秦岭以北因降水量和径流量明显减少，导致河网密度也明显减小，一般不超过0.36千米/平方千米，属少水—贫水带。黄河及其支流，丰水期、枯水期流量相差悬殊，洪水暴涨暴落，河流含沙量大。

2018年陕西省设区市地表水资源量

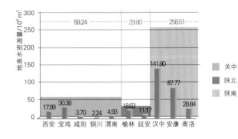

2018年陕西省流域分区地表水资源量/10⁸ m³

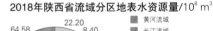

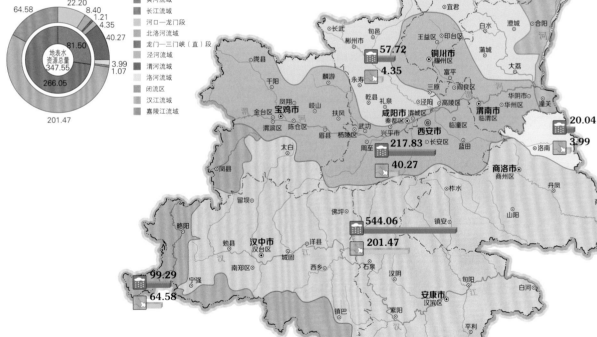

陕西省地下水

　　陕西省地下水类型有松散岩类孔隙裂隙水、基岩裂隙水和碳酸盐岩岩溶裂隙水。

　　各类型地下水天然补给量有一定差异，松散岩类孔隙水补给模数划分为5～15、15～50和大于50等3个级别。松散岩类孔隙裂隙水补给模数划分为小于5和5～20两个级别。基岩裂隙水径流模数划分为小于5和5～10两个级别。碳酸盐岩岩溶裂隙水径流模数划分为小于10、10～30和大于30等3个级别。

　　陕西省多年平均地下水天然补给资源量166.41亿立方米/年，其中，陕北高原40.86亿立方米/年，关中平原40.39亿立方米/年，陕南秦巴山地85.16亿立方米/年。

　　注：地下水天然补给资源量采用地下水补给模数或径流模数[单位：万立方米/（平方千米·年）]。

补给(径流)模数/[10^4 m³/（km²·a）]

松散岩类孔隙水5~15
松散岩类孔隙水15~50
松散岩类孔隙水 > 50
松散岩类孔隙裂隙水 < 5
松散岩类孔隙裂隙水5~20
基岩裂隙水 < 5
基岩裂隙水5~10
碳酸岩岩溶裂隙水 < 10
碳酸岩岩溶裂隙水10~30
碳酸岩岩溶裂隙水 > 30

35　0　35　70　105　140km

陕西省天然矿泉水

陕西省天然矿泉水资源丰富，主要分布在关中平原及陕南秦巴山地。已发现饮用天然矿泉水点140余处、理疗天然矿泉水点近400处，均为水温高于36℃的热矿水（地热流体）。

陕西省天然矿泉水类型多样。饮用天然矿泉水类型主要为锶型、偏硅酸锶型、偏硅酸型、硒锶型和锌硒锶型矿泉水，其中，关中平原以锶型、偏硅酸锶型居多，陕北高原为锶型或偏硅酸锶型，陕南秦巴山地以偏硅酸锶型、硒锶型、锌硒锶型为主。理疗天然矿泉水类型主要有硅酸水、硼酸水，其次还有碘水、溴水、硫化氢水和氡水等。

陕西省天然矿泉水开发利用方式主要包括工业开发、理疗和居民生活用水水源。工业开发主要以矿泉水饮料、酒类生产为主。理疗主要为温泉开发，著名的有临潼华清池温泉、蓝田东汤峪温泉、眉县西汤峪温泉等。大荔育红矿泉水是全省最大的矿泉水集中供水水源，解决了大荔县北部高氟咸水区约40万居民生活饮用水问题。作为居民生活用水水源的主要有汉中市自来水公司、临潼区新丰街道等处的矿泉水。

陕西省主要矿泉水点分布一览表

地区	矿泉水点数量/处
榆林地区（榆阳、横山、府谷、靖边、定边等区县）	5
延安地区（宝塔、甘泉、宜川、黄龙等区县）	5
渭南地区（华阴、华州、潼关、大荔、合阳、蒲城等市区县）	18
西安地区（灞桥、临潼、长安、蓝田等区县）	23
咸阳地区（兴平、三原、泾阳、乾县、礼泉、淳化等市县）	10
宝鸡地区（金台、陈仓、岐山、扶风、凤翔、眉县、陇县等区县）	11
汉中地区（汉台、南郑、城固、勉县等区县）	5
安康地区（汉阴、石泉、宁陕、紫阳等县）	7
商洛地区（商州）	1
全省合计	85

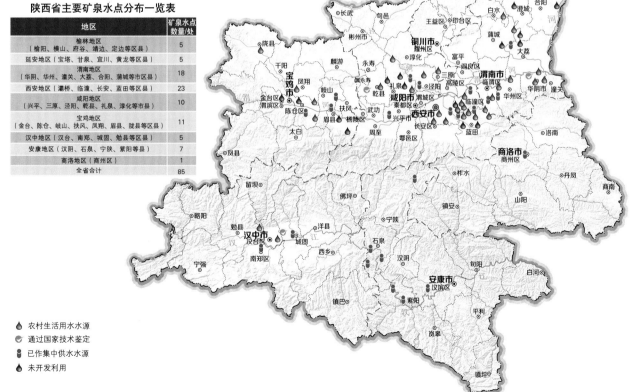

🖤 农村生活用水水源
🖤 通过国家技术鉴定
🖤 已作集中供水水源
🖤 未开发利用

35 0 35 70 105 140km

陕西省地表水径流深度

　　陕西省地表水径流深度与降水量的空间分布一致，具有南高北低、由南向北明显递减的空间分布特征。全省地表水径流深度呈现出两个多水带、一个南北过渡带和两个低值分散区。第一个多水带分布于米仓山—大巴山地区，径流深度集中在400～1100毫米。第二个多水带分布于秦岭北麓，径流深度集中在100～400毫米。两个多水带之间的汉江、丹江区域为南北过渡带，径流深度集中在300～400毫米。关中平原和陕北高原分别以咸阳市、延安市为中心，分布有两个低值分散区，径流深度低于50毫米。

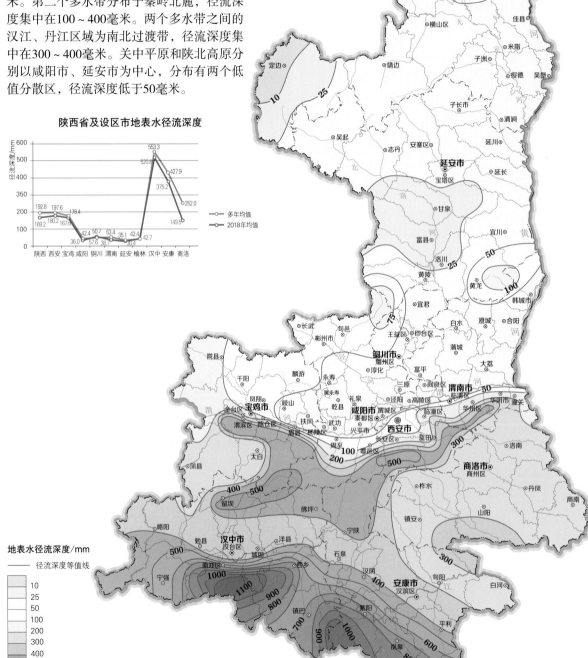

陕西省及设区市地表水径流深度

陕西省地下水化学类型

陕西省地下水化学类型分为重碳酸盐型、重碳酸—硫酸盐型、重碳酸盐—氯化物型、硫酸盐—氯化物型、氯化物型5种。

重碳酸盐型分布最广，全省均有分布。

重碳酸盐—硫酸盐型主要分布于陕北和关中地区，陕南地区在商洛市柞水县北部，安康市汉滨区、旬阳县中东部、白河县北部地区有少量分布。

重碳酸盐—氯化物型分布较少，主要分布于榆林南部定边县长城沿线、北部沙漠滩地，靖边县城以西，延安市宝塔区、延长县、延川县，呈带状分布。

硫酸盐—氯化物型主要分布于榆林市定边县南部，延安市吴起县中部、志丹和子洲县部分地区，渭南市临渭区北部、蒲城县南部、大荔县城以北、富平县城东部等地。

氯化物型分布最少，主要分布于榆林市定边县城西北部。

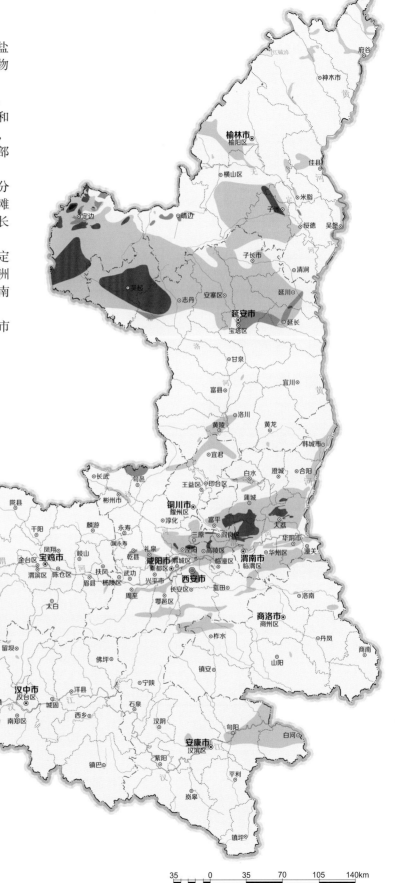

重碳酸盐型
重碳酸—硫酸盐型
重碳酸盐—氯化物型
硫酸盐—氯化物型
氯化物型

35　0　35　70　105　140km

陕西省地下水监测

　　截至2018年，陕西省自然资源部门管理的地下水监测点550个，其中，国家地下水监测工程监测点360个，省级地下水监测工程监测点190个，涵盖全省主要水文地质单元。

　　国家地下水监测工程监测点采用仪器自动化监测，实时监测水位、水温，数据获取频率为1次/时，水质监测频率1次/年。水质监测指标包括阴离子、阳离子、硫酸盐、氯化物、耗氧量、二氯甲烷、六氯苯等97项指标。

　　省级地下水监测点采用仪器自动化监测和人工监测两种方式，15个监测点采用仪器自动化监测，175个监测点采用人工监测。自动化水位监测数据获取频率1次/天，人工水位监测频率3~6次/月。水质监测频率1次/年。水质监测指标包括阴离子、阳离子、酸碱度、电导率等37项指标。

国家地下水监测工程仪器校测

● 国家地下水监测工程监测点

⬟ 省级监测点

35　0　35　70　105　140km

陕西省地下水开采潜力

陕西省地下水可开采资源量68.24亿立方米/年，其中，陕北高原14.49亿立方米/年，关中平原39.76亿立方米/年，陕南秦巴山地13.99亿立方米/年。

陕西省地下水开采潜力划分为有开采潜力区、采补平衡区，除咸阳市、渭南市为采补平衡区，其他各市均为有开采潜力区。

陕西省地下水开采潜力分级表

设区市	地下水开采潜力系数a	测评结果
西安市	1.23	地下水开采潜力较大区
宝鸡市	2.54	地下水潜力大区
咸阳市	0.88	无地下水潜力区
铜川市	4.05	地下水潜力大区
渭南市	1.02	地下水开采潜力一般区
延安市	2.74	地下水潜力大区
榆林市	2.93	地下水潜力大区
汉中市	11.92	地下水潜力大区
安康市	43.37	地下水潜力大区
商洛市	8.60	地下水潜力大区

a≥1，无地下水潜力区；
1<a<1.20，地下水潜力一般；
1.20<a<1.40，地下水潜力较大区；
a≤1.40，地下水潜力大区。

无地下水潜力区
地下水潜力一般区
地下水潜力较大区
地下水潜力大区

35　0　35　70　105　140km

摄于 油菜花田

五　土地资源

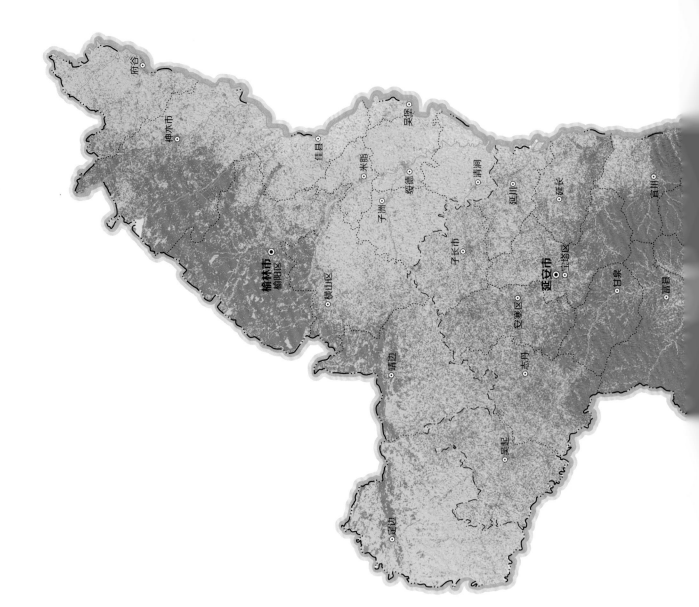

陕西省土地利用现状

陕西省植植被覆盖面积为188364平方千米，占全省国土面积的91.58%。其中，种植土地被覆盖面积47993平方千米，占植被覆盖盖总面积的25.48%，林草覆盖盖面积为140371平方千米，占植被覆盖面积的74.52%。林草覆盖类型中，乔木林面积最大，为82145平方千米，占林草覆盖盖总面积的54.63%。

陕西省城镇村及工矿用地面积为8222平方千米，占全省国土面积的3.99%；交通运输用地面积2616平方千米，占全省国土面积的1.27%；水域及水利设施用地面积3075平方千米，占全省国土面积的1.62%；其他用地面积3348平方千米，占全省国土面积的1.49%。

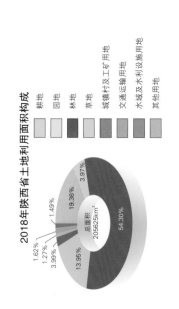

2018年陕西省土地利用面积构成

耕地
园地
林地
草地
城镇村及工矿用地
交通运输用地
水域及水利设施用地
其他用地

1.62%
1.27%
3.99%
13.95%
19.36%
3.97%
1.49%
54.30%

总面积
205625km²

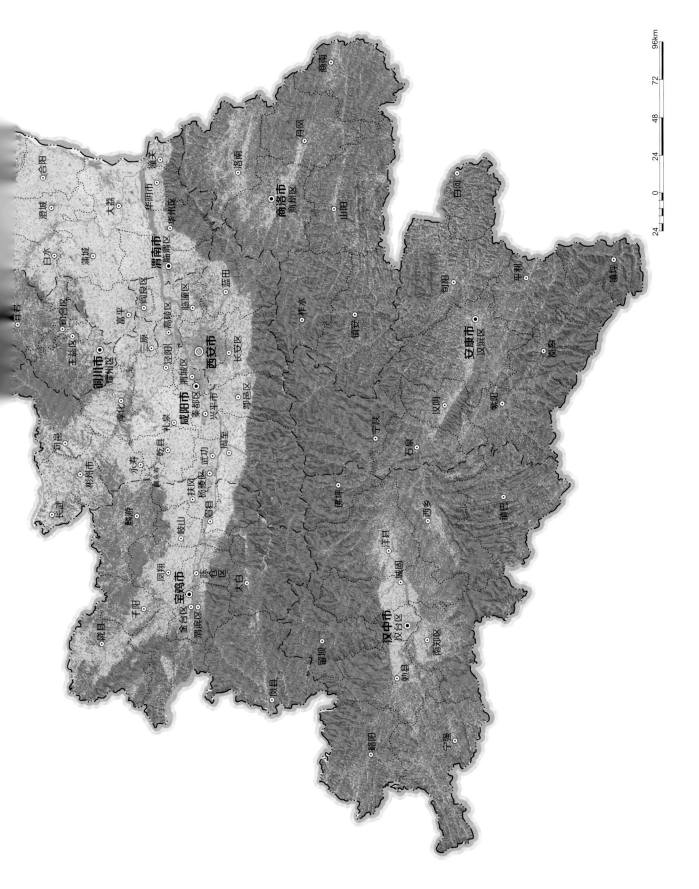

96km

72

48

24

0

24

合阳

澄城

白水

蒲城

大荔

韩城

宜君

印台区

铜川市

耀州区

王益区

富平

三原

泾阳

高陵区

临潼区

华州区

华阴市

潼关

洛南

商南

丹凤

商洛市

商州区

山阳

镇安

丹江

白河

平利

镇坪

岚皋

安康市

汉滨区

紫阳

紫阳

旬阳

蓝田

灞桥区

高陵区

渭南市

临渭区

长安区

鄠邑区

户县

西安市

渭城区

咸阳市

秦都区

兴平市

武功

周至

鄠邑区

杨陵区

扶风

岐山

眉县

凤翔

宝鸡市

金台区

渭滨区

陈仓区

太白

千阳

陇县

麟游

永寿

乾县

礼泉

旬邑

淳化

彬州市

长武

留坝

凤县

略阳

勉县

宁强

城固

洋县

汉中市

汉台区

南郑区

西乡

镇巴

佛坪

宁陕

石泉

汉阴

柞水

汉阴

陕西省种植土地

　　种植土地中的耕地和园地主要包括水田、旱地、果园、茶园、桑园、橡胶园、苗圃、花圃以及其他经济苗木9种类型。陕西省种植土地面积为47993平方千米，其中，旱地面积最大，为31635平方千米，占全省种植土地面积的65.92%，花圃面积最小，仅占全省种植土地面积的0.01%，橡胶园暂无。

　　从种植土地类型的空间分布看，陕西省的旱地分布集中于关中平原地区；水田主要分布在汉中市和安康市的平原地区以及黄河沿岸部分区域；果园主要分布在关中地区、陕北洛川地区以及黄河沿岸部分区域。

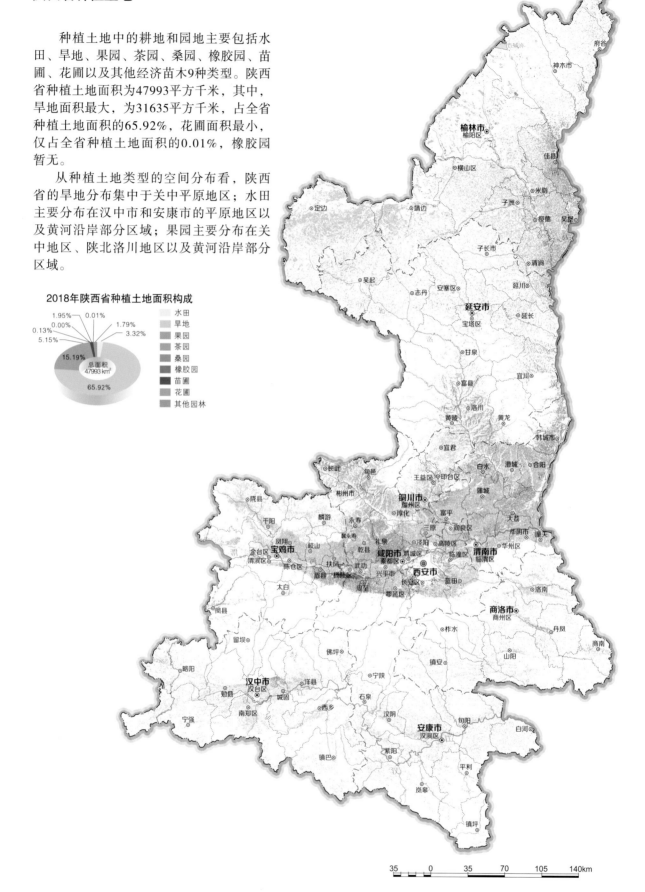

2018年陕西省种植土地面积构成

1.95%　0.01%
0.00%　　　1.79%
0.13%　　　　　3.32%
5.15%
15.19%
总面积
47993 km²
65.92%

水田
旱地
果园
茶园
桑园
橡胶园
苗圃
花圃
其他园林

35　0　35　70　105　140km

陕西省耕地生产力与承载力

陕西省耕地生产力关中地区最高，关中各设区市的平均耕地生产力普遍较高，最高的西安市和咸阳市接近全国水平，陕北、陕南偏低，商洛市最低。

基于当前各设区市耕地的粮食总产量以及人均年需粮400千克的中等要求，获得各设区市的耕地承载力，榆林市耕地承载力最高，超过660万人，其次为渭南市，超过550万人，最低的铜川市，为70万人左右。

2019年陕西省各设区市粮食总产量

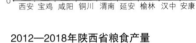

2012—2018年陕西省粮食产量

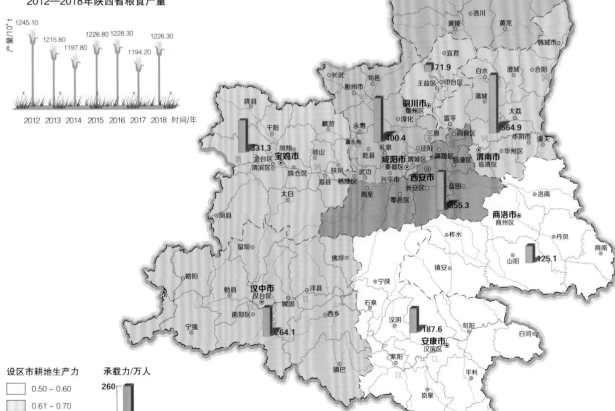

设区市耕地生产力
- 0.50 ~ 0.60
- 0.61 ~ 0.70
- 0.71 ~ 0.80
- 0.81 ~ 0.90
- > 0.90

承载力/万人
260

0

35 0 35 70 105 140km

陕西省土壤类型

陕西省土壤共划分为22个土类，49个亚类，134个土属，403个土种。主要土类有灰钙土、栗钙土、黑垆土、褐土、黄绵土、棕壤、潮土、沼泽土和盐土。土壤的分布具有明显的水平分布、垂直分布和地域分布特征。

土壤水平分布表现出明显的南北分异特点。陕北高原为栗钙土—黑垆土地带，关中盆地为棕壤—黄褐土地带，陕南秦巴山地为黄棕壤—黄褐土地带。

土壤垂直分布规律在陕南山区表现得十分明显。秦岭北坡自下而上为褐土—淋溶褐土—棕壤—暗棕壤—亚高山草甸土；秦岭南坡自下而上为黄褐土—黄棕壤—棕壤—暗棕壤—亚高山草甸土。

陕西省由于区域性地形、成土母质和水分等特殊条件，形成了特定地域分布的地域性土壤。长城沿线广泛分布风沙土；关中平原主要分布褐土；江河沿岸分布新积土；陕北高原、关中平原亦有零星分布，为谷地、盆地、川地经长期种植熟化而成。

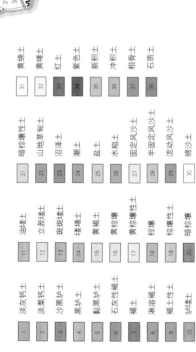

1 淡灰钙土　2 淡栗钙土　3 沙黑垆土　4 黑垆土　5 黏黑垆土　6 石灰性褐土　7 褐土　8 淋溶褐土　9 褐土性土　10 垆土壤

11 油坊土　12 立茬栗土　13 斑斑栗土　14 埁墶土　15 黄褐土　16 黄棕壤　17 黄棕壤性土　18 棕壤　19 棕壤性土　20 暗棕壤

21 暗棕壤性土　22 山地草甸土　23 沼泽土　24 潮土　25 盐土　26 水稻土　27 固定风沙土　28 半固定风沙土　29 流动风沙土　30 绵沙土

31 黄绵土　32 黄墶土　33 红土　34 紫色土　35 新积土　36 冲积土　37 粝青土　38 石质土

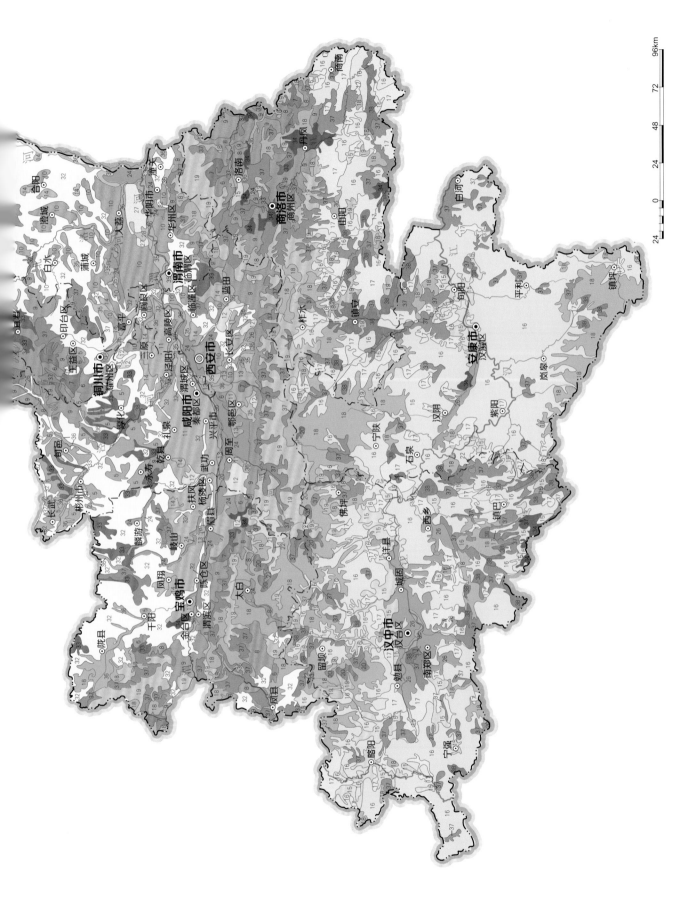

陕西省关中地区土壤酸碱度地球化学分类

陕西省关中地区土壤以碱性为主，碱性土壤面积36688平方千米，占调查面积的90.58%，在区内广泛分布。强碱性土壤面积为2364平方千米，占调查面积的5.83%，主要分布在关中平原中东部，渭河北岸的冲积平原及黄土台塬地区。中性土壤面积912平方千米，占调查面积的2.25%，主要分布在关中平原南部秦岭北麓山前一带，在关中平原北部的山地地区也有零散分布。酸性土壤面积492平方千米，占调查面积的1.21%，集中分布在秦岭北麓山前一带。

注1：根据土壤pH值大小，将土壤酸碱度分为强酸性(pH小于5)、酸性(pH值为5～6.5)、中性(pH值为6.5～7.5)、碱性(pH值为7.5～8.5)和强碱性(pH大于等于8.5)5个类别。

注2：2006年以来，陕西省地质调查院开展了关中地区土壤地球化学调查工作，累计完成调查面积40500平方千米，查明了土壤有益元素、有害元素、有机质及pH等54项指标的含量水平和分布特征，初步圈出无公害富硒（硒含量大于等于0.3毫克/千克）土地（pH大于7.5）8245平方千米，富锌土地1812平方千米。

关中地区在
陕西省的位置

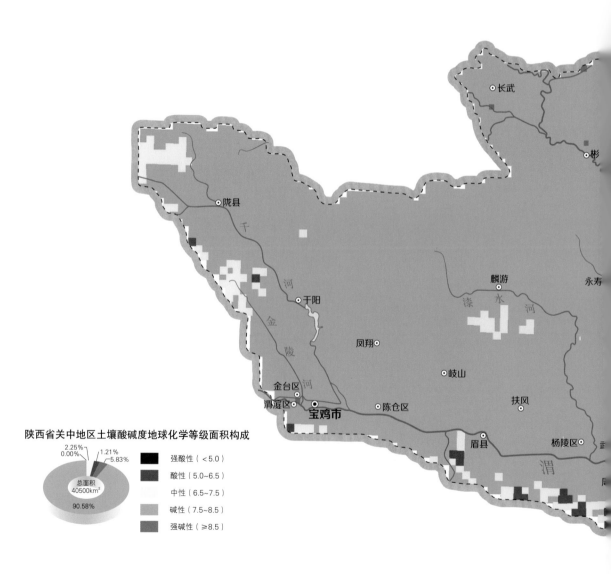

陕西省关中地区土壤酸碱度地球化学等级面积构成

总面积
40500km²

2.25%
0.00%
1.21%
5.83%
90.58%

■ 强酸性（＜5.0）
■ 酸性（5.0～6.5）
□ 中性（6.5～7.5）
■ 碱性（7.5～8.5）
■ 强碱性（≥8.5）

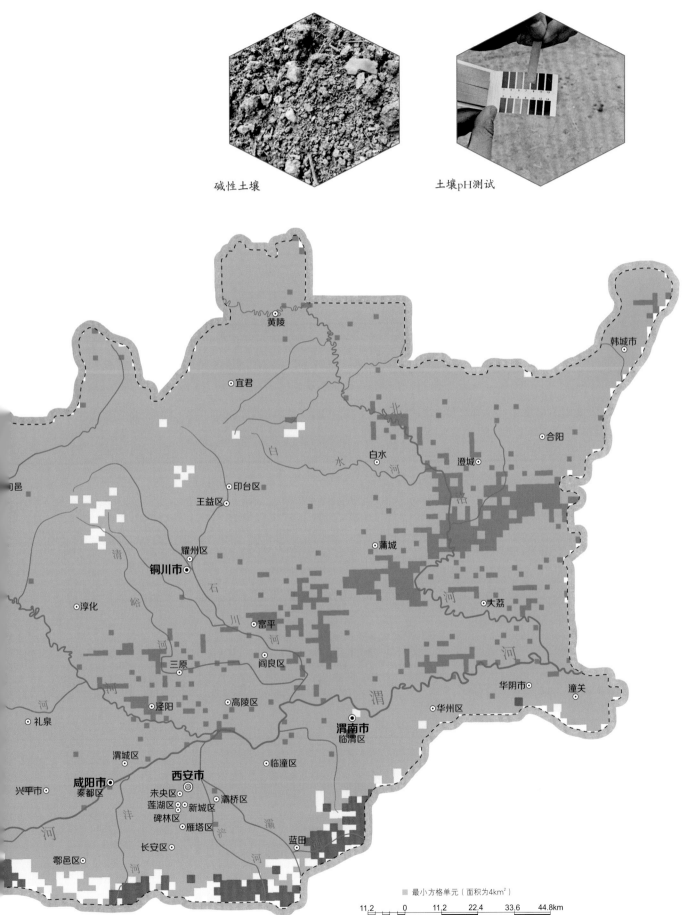

碱性土壤 土壤pH测试

最小方格单元（面积为4km²）

11.2   0   11.2   22.4   33.6   44.8km

陕西省关中地区土壤养分质量地球化学综合等级

　　陕西省关中地区土壤养分含量以中等为主，面积25344平方千米，占调查面积的62.57%，主要分布在关中平原北部的渭北地区以及东南部的蓝田县、潼关县等地。养分较丰富的土壤面积11380平方千米，占调查面积的28.09%，主要分布在关中平原渭河两岸的冲积平原，在关中平原北部山地区也有分布。养分较缺乏的土壤面积为3676平方千米，占调查面积的9.07%，集中分布在关中平原东部大荔县的沙地一带，在关中平原北部的黄土高原和低山丘陵地区也有分布。养分丰富的土壤面积为32平方千米，占调查面积的0.07%，在关中平原零星分布。

　　注：土壤养分质量地球化学综合评价指标为土壤氮、磷、钾元素含量，评价结果分为丰富、较丰富、中等、较缺乏和缺乏5个等级。

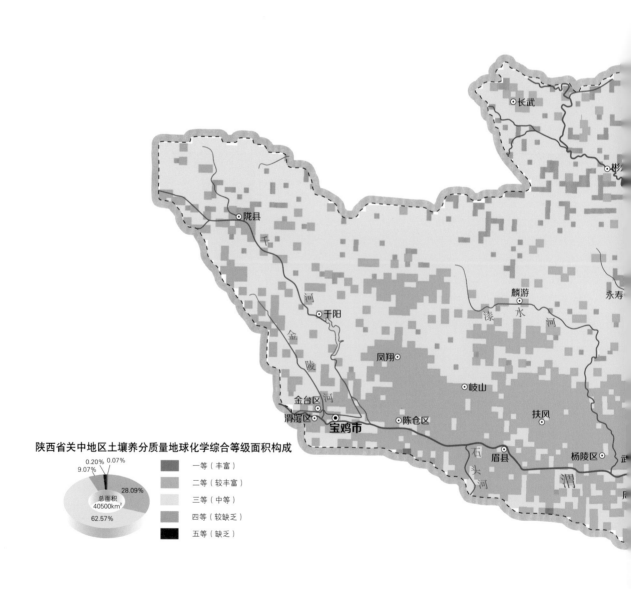

陕西省关中地区土壤养分质量地球化学综合等级面积构成

	一等（丰富）
	二等（较丰富）
	三等（中等）
	四等（较缺乏）
	五等（缺乏）

0.20%　0.07%
9.07%
28.09%
总面积
40500km²
62.57%

土壤样品采集

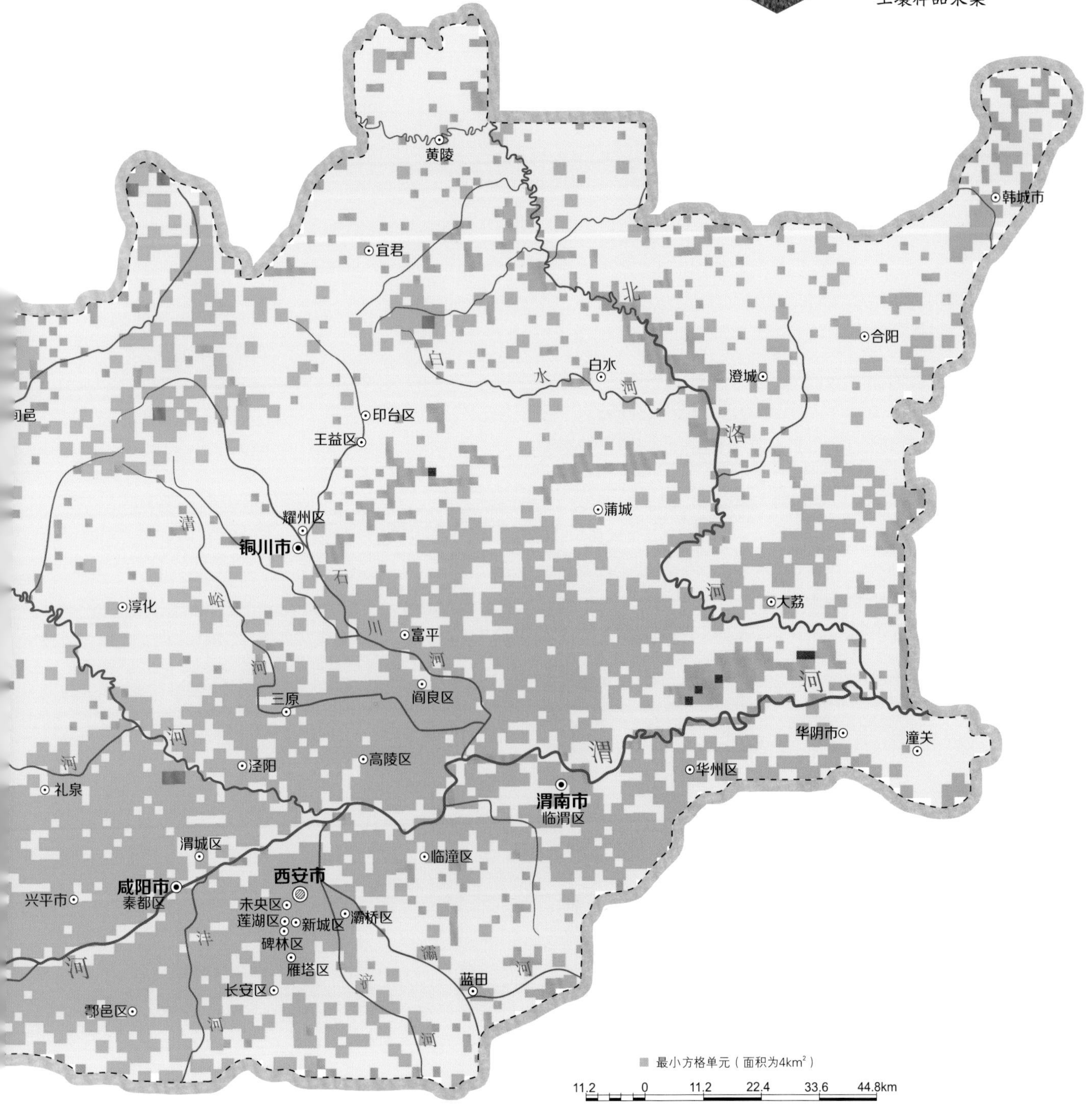

黄陵

宜君

白水

白水河

韩城市

合阳

澄城

印台区

王益区

北

洛

蒲城

耀州区

铜川市

淳化

清峪河

石川河

大荔

富平

河

三原

阎良区

渭

华阴市

潼关

泾阳

高陵区

华州区

礼泉

渭南市
临渭区

渭城区

临潼区

咸阳市

西安市

兴平市

秦都区

未央区

莲湖区

新城区

灞桥区

碑林区

雁塔区

蓝田

长安区

沣河

泾河

鄠邑区

■ 最小方格单元（面积为4km²）

11.2 0 11.2 22.4 33.6 44.8km

陕西省关中地区土壤质量地球化学综合等级

　　陕西省关中平原土壤综合质量以良好为主，良好土壤面积24808平方千米，占调查面积的61.25%，主要分布在关中平原北部的渭北地区以及关中平原东南部的蓝田县等地。优质土壤面积为10976平方千米，占调查面积的27.10%，主要分布于关中平原渭河两岸的冲积平原，在关中平原北部的山地区也有分布。中等土壤面积4320平方千米，占调查面积的10.66%，集中分布在关中东部大荔县的沙地地区，此外在秦岭北麓山前一带及关中平原北部的黄土高原和低山丘陵地区也有分布。

　　注：土壤质量地球化学综合等级由土壤养分质量地球化学综合等级与土壤环境质量地球化学综合等级叠加产生，分为优质、良好、中等、差等和劣等5个等级。

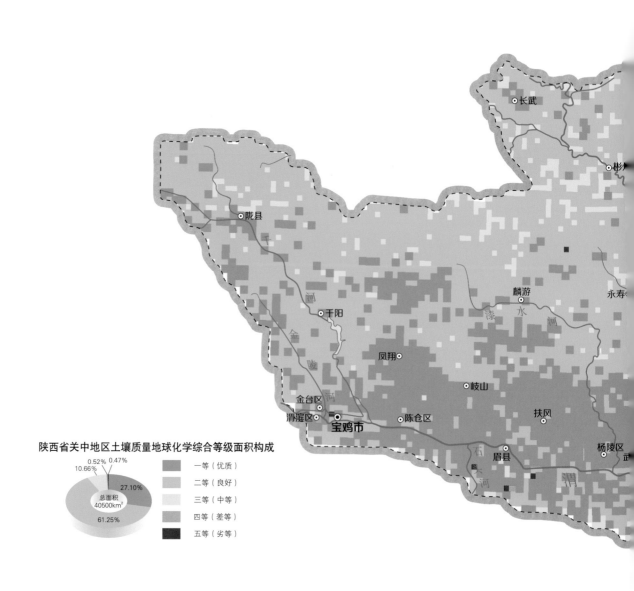

陕西省关中地区土壤质量地球化学综合等级面积构成

总面积
40500km²

- 0.52%
- 0.47%
- 10.66%
- 27.10%
- 61.25%

- 一等（优质）
- 二等（良好）
- 三等（中等）
- 四等（差等）
- 五等（劣等）

野外调查   样品采集

■ 最小方格单元（面积为4km²）

11.2   0   11.2   22.4   33.6   44.8km

摄于 太白红杉

六 林草资源

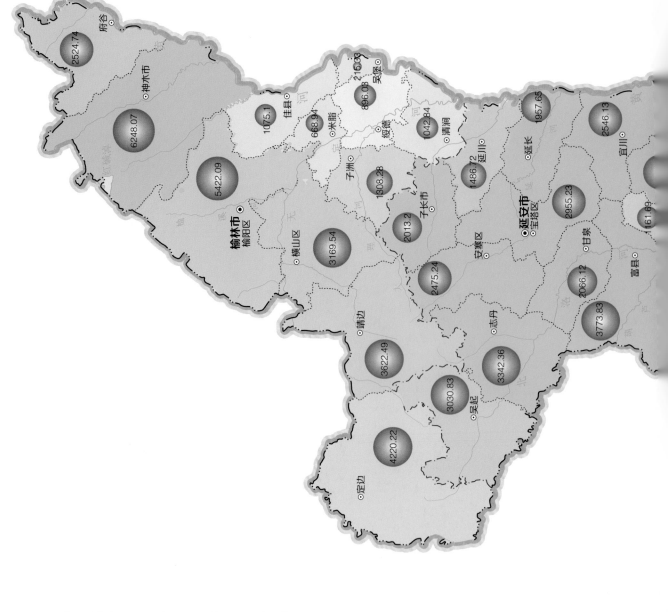

陕西省林草覆盖率

陕西省自然环境复杂，生态条件多样，生物资源丰富，且具有明显的地带性分布特点。从北到南有温带草原地带、森林草原地带、暖温带落叶阔叶林地带、北亚热带常绿落叶阔叶林地带。

陕西省林草覆盖率大于等于80%的区域，主要在陕北高原延安地区和陕南秦巴山地部分地区。

林草覆盖率在40%以下的区域主要在关中平原。商洛市林草覆盖率最大，其次为安康市，渭南市林草覆盖率最小。

全省建成牛背梁北沟、楼观台、朝阳沟、太白嵩坪、黄陵、劳山、红石峡、黄龙山、韩城薛峰林场、葱滩湿地、句阳坝森林体验基地11处、太白嵩坪、佛坪凉风垭、长青华阳3条生态探秘线路、生态文明教育基地16处。

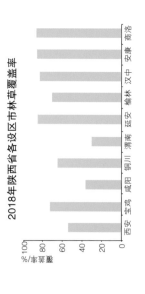

2018年陕西省各设区市林草覆盖率

覆盖率/% 100 80 60 40 20 0

西安　宝鸡　咸阳　铜川　渭南　延安　榆林　汉中　安康　商洛

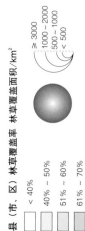

县（市、区）林草覆盖率　林草覆盖面积/km²

≥3000　1000~2000　500~1000　< 500

< 40%　40%~50%　51%~60%　61%~70%　71%~79%　≥80%

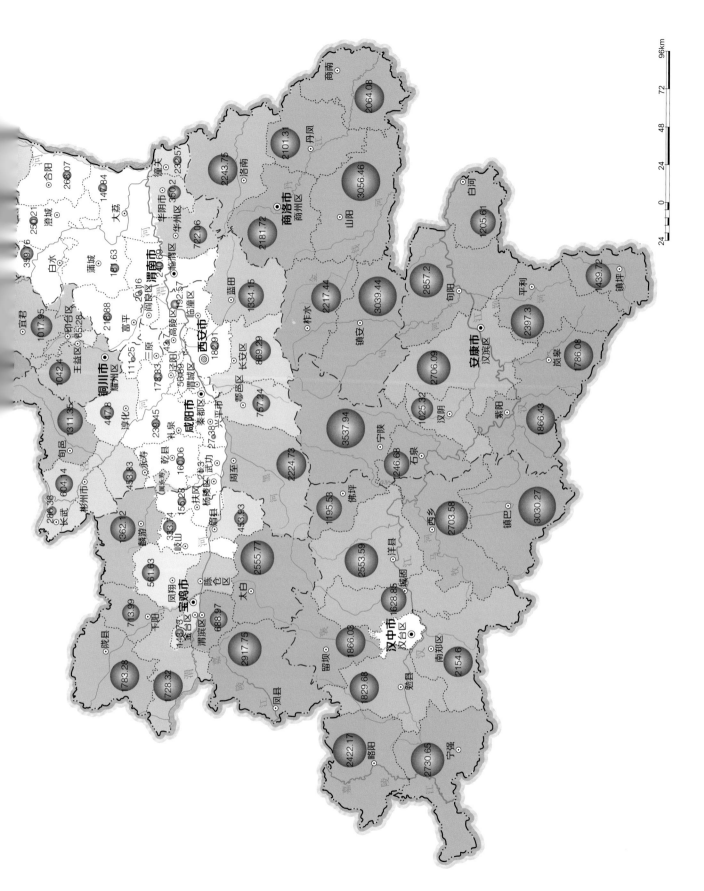

商南
2064.08

洛南
2101.3
丹凤
2243.75

山阳
3056.46

白河
1205.61

商洛市
商州区
2181.72

镇坪
1439.72

洛南
268.07
华夫
142.84
350.2 232.57
华阴市

澄城
250.21

华州区
72.06

旬阳
2857.2

平利
2397.3

岚皋
1786.08

3.97.6

白水
蒲城
151.63
15.69
临渭区
渭南市

蓝田
1334.15

柞水
2217.44

镇安
3039.44

安康市
汉滨区
2706.09

紫阳
1866.43

宜君
1017.95

耀州区
85.28
富平
218.88
20.16
临潼区
192.57

西安市
182.91

长安区
869.29

汉阴
925.32

111.25
三原
33.4
泾阳
56.89

鄠邑区
757.44

铜川市
104.24

高陵
4.7

咸阳市
49.45

宁陕
3537.94

石泉
246.68

旬邑
311.35

王益区

印台区

淳化
447.8

礼泉
27.38

兴平市

镇巴
3030.27

乾县
160.06

武功
8.63

彬州市
453.83

永寿
佛坪
1195.53

西乡
2703.58

长武
604.4

乾县
戴城
152.8

杨陵区
扶风

同军
224.73

宁强
2730.65

麟游
1362.12

岐山
333.74

眉县
453.93

大白
2555.77

洋县
2553.59

城固
628.85

南郑区
2154.6

太白

陇县
783.28

凤翔
713.99

宝鸡市
金台区
145.73

渭滨区
688.97

留坝
2917.75

勉县
1866.08

汉中市
汉台区

略阳
2422.17

千阳
561.63

凤县
1829.68

283.28

陈仓区

728.32

陕西省林地

　　陕西省林地类型包括有林地、灌木林地和其他林地三类，总面积111668平方千米。

　　有林地面积80533平方千米，集中分布于关中平原的宝鸡市，陕南秦巴山地的汉中市、安康市及商洛市，陕北高原的延安市，关中平原的西安市、铜川市及咸阳市分布面积较少，陕北高原的榆林市分布面积最少。

　　灌木林地面积22576平方千米，主要分布于陕北高原的榆林市及延安市，其次是陕南秦巴山地的汉中市及商洛市。

　　其他林地面积8560平方千米，主要分布于陕北高原的榆林市及延安市。

巴山冷杉

有林地
灌木林地
其他林地

35　0　35　70　105　140km

陕西省森林

　　陕西省森林分为秦岭（巴山）森林和黄土高原森林（关山、子午岭、黄龙山）。秦岭（巴山）森林地区素有"生物基因库"之称，有野生种子植物3300余种，珍稀植物30种，药用植物近800种。中华猕猴桃、沙棘、绞股蓝、富硒茶等资源极具开发价值。陕西黄土高原森林，以集体林居多、国有林较少，以纯林居多、混交林较少，以针叶林居多、阔叶林较少，以中幼林居多、成林较少。

　　森林类型包括阔叶林、针叶林、针阔混交林、竹林和灌木林五类，总面积88684平方千米，占全省林地面积79.42%，森林覆盖率43.06%。

　　阔叶林主要分布于陕北子午岭和陕南秦巴山地，面积68944平方千米。

　　针叶林分布于延安市洛川县、黄陵县和陕南秦巴山地，面积14078平方千米。

　　针阔混交林主要分布于秦巴山地，延安市周边亦有分布，面积1098平方千米。

　　竹林分布于汉中市南郊区和镇巴县，面积384平方千米。

　　国家特别规定的灌木林集中分布于榆林市毛乌素沙地南缘，面积4179平方千米。

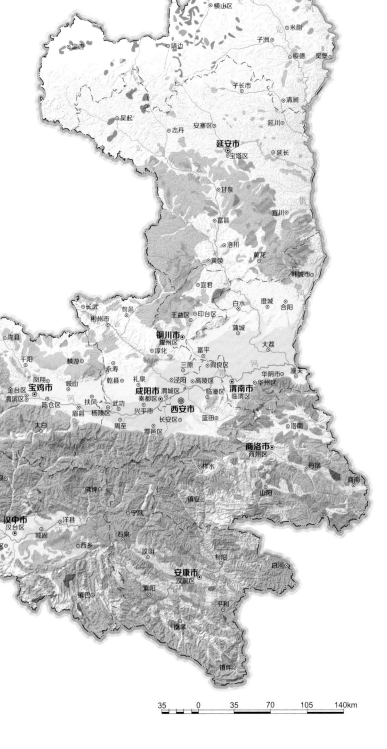

阔叶林
针叶林
针阔混交林
竹林
国家特别规定的灌木林

35　0　35　70　105　140km

陕西省天然林

陕西省天然林面积56224平方千米，占全省森林面积63.40%。

天然阔叶林主要分布于陕北子午岭和陕南秦巴山地，面积47512平方千米。

天然针叶林主要分布于延安市洛川、黄龙县，渭南市，陕南秦巴山地，面积7845平方千米。

天然针阔混交林主要分布于延安市黄龙县，渭南华阴市，安康市汉滨区和宁陕县，面积597平方千米。

天然竹林主要分布于汉中市南郑区和镇巴县，面积269平方千米。

太白红杉

  天然阔叶林
天然针叶林
 天然针阔混交林
 天然竹林

35 0 35 70 105 140km

陕西省人工林

陕西省人工林面积24657平方千米，占全省森林面积27.80%。

人工阔叶林主要分布于陕北高原、关中平原北部和陕南秦巴山地，面积17092平方千米。

人工针叶林主要分布于延安市洛川县、黄龙县、黄陵县，铜川市宜君县和陕南秦巴山地，面积7125平方千米。

人工针阔混交林主要分布于延安市宜川县、宝鸡市凤县和安康市旬阳县、宁陕县，面积307平方千米。

人工竹林主要分布于汉中市南郑区和镇巴县，面积134平方千米。

陕西省自2000年以来，实施退耕还林、天然林保护、三北防护林等三大生态建设战略工程，以陕北地区为核心的黄土高原地区成为全国连片增绿幅度最大的地区。全省植被指数平均变化速率是全国的2.9倍，居全国第4。植被指数百分率平均值是全国的2倍，居全国第4。

 人工阔叶林
 人工针叶林
人工针阔混交林
人工竹林

陕西省草地

陕西省草地类型包括天然草地、人工草地和其他草地三类，面积28703平方千米。

天然草地广泛分布于陕西省境内，北部分布面积远大于南部，面积22697平方千米。

人工草地分布在延安市、榆林市大部地区，咸阳市、宝鸡市略有分布，面积228平方千米。

其他草地主要分布在西安市、铜川市之外的中北部地区，陕南地区分布较少，面积5778平方千米。

高山草甸

天然草地

人工草地

其他草地

35 0 35 70 105 140km

陕西省湿地

陕西省湿地总面积3085平方千米（对面积0.08平方千米以上湿地统计结果），占全省国土面积的1.50%。

根据《国际湿地公约》分类标准，陕西湿地可分为4个大类、12种类型。河流湿地面积2576平方千米，占全省湿地总面积的83.50%；其他人工湿地323平方千米，占全省湿地总面积的11.46%；沼泽湿地110平方千米，占全省湿地总面积的3.58%；湖泊湿地76平方千米，占全省湿地总面积的2.46%。

湿地分布关中多于陕南，陕南多于陕北。我省关中地区以河流湿地为主，人工湿地中的库塘（水库）、输水渠和水产养殖场数量较多，面积较大，同时也是为数不多的沼泽湿地主要分布区。陕南以河流湿地为主，有部分库塘湿地（水库）分布。陕北以河流湿地为主，有部分库塘湿地（水库）分布，同时也是陕西省湖泊湿地集中分布区。

全省湿地面积分布前3位的设区市依次为渭南市、榆林市和汉中市，湿地面积分别为811平方千米、460平方千米、393平方千米。

全省湿地生物多样性丰富，特别是湿地鸟类种类多，数量大、保护等级高，共有湿地鸟类9目24科121种。

湿地

摄于 太白山

七　地质遗迹与生态旅游资源

陕西省文化旅游资源

陕西拥有良好开发前景的旅游资源1万余处，包括世界文化遗产9处，国家级风景名胜区7处，国家水利风景区39处，国家级历史文化名城6座（西安市、咸阳市、延安市、榆林市、汉中市、韩城市），省级历史文化名城11座（黄陵、凤翔、乾县、三原、蒲城、华阴、城固、勉县、府谷、神木、佳县），省级旅游示范县33个。

全省现已建成A级旅游景区总数460家，国家AAAAA级旅游景区10家、国家AAAA级旅游景区116家、国家AAA级旅游景区289家。

全省现有各类文物点4.91万处，博物馆303座，馆藏各类文物774万件（组），文物点密集度大、数量多、等级高，均居全国首位。

陕西省地貌景观和自然风光从北到南风格迥异，与风土人情、历史人文交相辉映。

陕北黄土高原古朴浑厚，黄土风情、黄河文化和红色文化交织融会。黄河壶口瀑布气势磅礴，黄帝陵是中华文明的精神标识，陕北丹霞绚丽多彩，红石峡、红碱淖风光独特，延安是中国革命圣地，宝塔山、瓦窑堡、南泥湾、杨家岭、枣园等红色精神弘扬传承。

关中平原自古有"八百里秦川"之称，历史悠久，文化积淀深厚。"华岳仙掌、骊山晚照、灞柳风雪、曲江流饮、雁塔晨钟、咸阳古渡、草堂烟雾、太白积雪"关中八大景美不胜收，秦始皇兵马俑、华清池、碑林、钟楼、大雁塔、汉都城长安城、法门寺、乾陵、茂陵、昭陵、楼观台等古代城阙遗址、宫殿遗址、古寺庙、古陵墓、古建筑恢宏壮丽。

秦巴山地山清水秀，峰峦叠嶂，风景如画。终南山、太白山、翠华山、紫柏山、南宫山、天柱山巍峨耸立，武侯祠、张良庙、张骞墓、文峰塔等名胜古迹享誉四方，汉中天坑群、柞水溶洞、燕翔洞、香溪洞等地质奇观神秘瑰丽，佛坪大熊猫、洋县朱鹮、周至金丝猴、牛背梁羚牛等国家级自然保护区闻名遐迩。

南郑伯牛天坑

府谷莲花汕丹霞

靖边龙洲丹霞

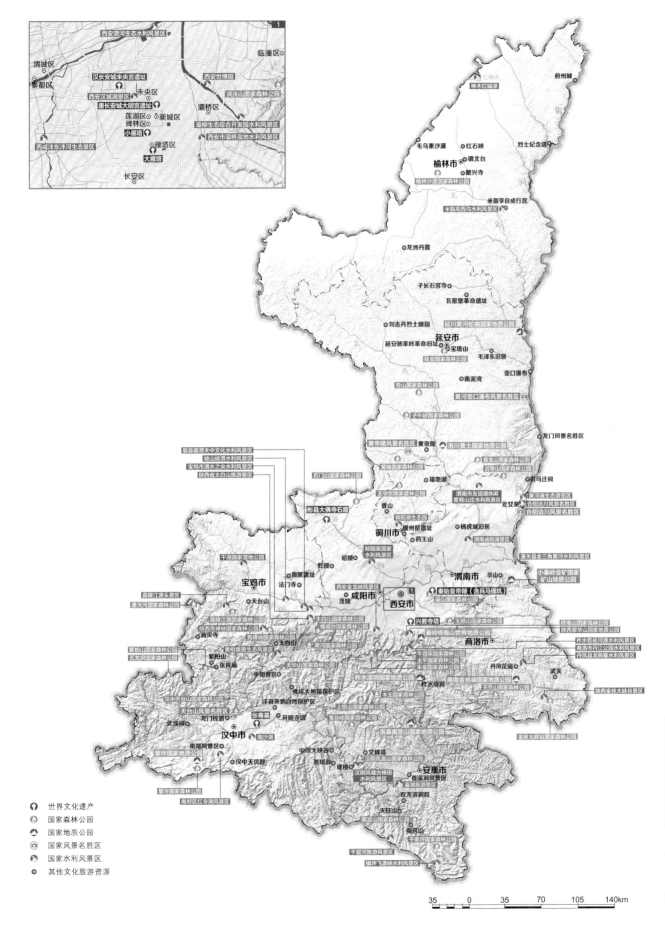

陕西省地质遗迹

陕西省现已发现地质遗迹点（集中区）284处，按综合价值鉴评划分为世界级地质遗迹15处，国家级62处，省级及省以下级207处。按类型分为基础地质大类86处、地貌景观大类190处、地质灾害大类8处。

陕北高原已发现地质遗迹点（集中区）65处。基础地质大类包括煤、石油、天然气等开采形成的矿业遗址和黄土剖面，典型代表有延长"中国陆上石油第一井"和洛川黄土国家地质公园；地貌景观大类以沙漠地貌、黄土地貌、碎屑岩地貌（包含丹霞地貌）、水体地貌为主，代表有榆阳毛乌素沙地、府谷莲花辿丹霞、志丹永宁山丹霞、铜川金锁关石林、延川黄河蛇曲、宜川壶口瀑布等。

地质遗迹分类与级别

分　类		级别		
		世界级	国家级	省级
基础地质类	地层剖面	■	■	■
	岩石剖面	■	■	■
	构造剖面	■	■	■
	重要化石产地	■	■	■
	重要岩矿石产地	■	■	■
地貌景观类	岩土体地貌	●	●	●
	水体地貌	●	●	●
	火山地貌	●	●	●
	冰川地貌	●	●	●
	构造地貌	●	●	●
地质灾害类	地震遗迹	◆	◆	◆
	地质灾害遗迹	◆	◆	◆

▨ 丹霞地貌

陕西省地质遗迹名录

序号	遗迹名称	序号	遗迹名称	序号	遗迹名称	序号	遗迹名称
1	洛川黑木沟第四纪黄土剖面	72	铜川金锁关石林	143	岐山周公庙商德泉	214	太白沙沟峡谷地貌
2	紫阳芭蕉口志留系典型剖面	73	安塞王家湾丹霞地貌	144	眉县红河谷花岗岩地貌	215	太白天星潭
3	洛南小秦岭元古界典型剖面	74	志丹三台山丹霞地貌	145	陇县关山复式岩体	216	太白药王谷峡谷地貌
4	东秦岭沉积岩相典型剖面	75	神木二郎山—九龙山碎屑岩地貌	146	陇县龙门洞碳酸盐岩地貌	217	镇安木王山花岗岩地貌
5	韩城寒武纪三叶虫地层剖面	76	榆林麻黄梁黄土地貌	147	陇县牛心山花岗岩地貌	218	镇安乾祜洞岩溶地貌
6	商州沙河湾环斑花岗岩体	77	佳县方塌黄土地貌	148	陇县景福山碎屑岩地貌	219	镇安石景村岩溶地貌
7	太白北秦岭二郎坪蛇绿岩带	78	榆林毛乌素沙漠地貌	149	陇县玄寿山碎屑岩地貌	220	镇安鹰塔云山岩溶地貌
8	勉县光头山复式花岗岩体	79	延川黄河蛇曲	150	陇县温河河温泉	221	宁陕苍龙岭瀑布
9	周至板房子火山岩剖面	80	旬阳太极城旬河河流景观带	151	千阳水沟泉	222	宁陕七亩坪花岗岩地貌
10	商南松树沟高压—超高压变质岩剖面	81	彬县龟蛇山泾河蛇曲	152	麟游玉女潭	223	宁陕上坝河瀑布
11	略阳鱼洞子岩群变质岩剖面	82	佳县黄河景观带	153	麟游石鼓峡谷地貌	224	宁陕十八丈瀑布
12	神木烧变岩剖面	83	清涧无定河蛇曲群	154	凤县铅洞山铅锌矿	225	宁陕太白神洞岩溶地貌
13	太白秦岭岩群变质岩剖面	84	周至黑河河流景观带	155	凤县通天河花岗岩地貌	226	宁陕天华山瀑布
14	华阴华山太华岩群变质岩剖面	85	神木秃尾河河流景观带	156	凤县豆积山碎屑岩地貌	227	千阳旱白垩环河组狼鳍鱼化石
15	商南耀岭河岩组变质岩剖面	86	神木红碱淖	157	凤县灵官峡峡谷地貌	228	商南大白河河谷
16	泾阳九项垣C1与O2不整合面	87	定边盐湖群	158	太白老君山环斑花岗岩体	229	商南黄家厂瀑布地貌
17	勉略构造混杂岩群	88	陕西黄河—渭河湿地	159	太白五里峡复式岩体	230	商南清油河瀑布
18	商丹结合带	89	蒲城卤阳湖湿地	160	太白黄柏塬变质岩地貌	231	石泉高洞河瀑布
19	北山山前活动断裂	90	靖边无定河湿地	161	太白石头城瀑布	232	石泉天池山岩溶地貌
20	饶峰—麻柳坝断裂带	91	横山无定河湿地	162	彬州百子沟侏罗系典型剖面	233	石泉雁山瀑布
21	柳叶河—北宽坪断裂	92	靖边海则滩湿地	163	临渭天留山变质岩地貌	234	丹凤卧龙谷峡谷地貌
22	黑木林—峡口驿蛇绿岩带	93	宜川黄河壶口瀑布	164	华州莲花寺滑坡	235	丹凤耳爬沟岩溶地貌
23	留坝—吕河—十堰断裂	94	临潼华清池温泉	165	潼关佛头山变质岩地貌	236	山阳暖水川温泉
24	铁炉子断裂	95	蓝田东汤峪温泉	166	大荔沙苑沙漠地貌	237	丹凤乐村丹霞地貌
25	山阳—凤镇断裂带	96	眉县西汤峪温泉	167	合阳黄山碎屑岩地貌	238	商州杨峪河丹霞地貌
26	蓝田公王岭古人类化石产地	97	靖边神水泉	168	蒲城洛河龙首坝河流景观带	239	商州夜村丹霞地貌
27	大荔人化石产地	98	吴堡横沟温泉	169	白水杜康泉	240	石泉娘娘洞岩溶地貌
28	汉中龙岗寺古人类遗址	99	岚皋南宫山火山岩地貌	170	汉中天台山磷（锰）矿	241	临渭六姑泉
29	洛南花石浪猿人遗址	100	太白山第四季古冰川地貌遗迹	171	南郑黎坪镇宝塔组剖面	242	临渭石鼓山花岗岩地貌
30	南郑梁山古生物群化石产地	101	临潼骊山地垒构造地貌	172	西乡望江山岩体	243	柞水九天山瀑布群
31	府谷老高川古动物化石产地	102	商南金丝峡峡谷地貌	173	西乡午子山岩溶地貌	244	柞水牛背梁花岗岩地貌
32	山阳县唐家河恐龙化石产地	103	韩城黄门黄河峡谷地貌	174	西乡茶镇太白洞岩溶地貌	245	洛南玉虚洞岩溶地貌
33	旬邑马栏古动物化石产地	104	淳化泾河大峡谷地貌	175	勉县阜川溶剂石灰岩矿	246	洛南老君山岩溶地貌
34	子洲龙尾茆恐龙足迹化石产地	105	洋县汉江黄金峡谷地貌	176	勉县盘龙洞岩溶地貌	247	洛南草链岭第四纪古冰川地貌遗迹
35	商南恐龙遗迹化石产地	106	略阳嘉陵江大峡谷地貌	177	勉县郭家湾温泉	248	岐山水晶山岩溶地貌
36	神木栏杆堡恐龙足迹化石产地	107	石泉中坝大峡谷地貌	178	宁陕黎家营锰矿	249	石泉铜钱峡谷地貌
37	蓝田玉岩矿产地	108	华州区特大地震遗迹	179	宁强宽川铺泛珠泉	250	太白石榴山环斑花岗岩地貌
38	华州金堆城钼矿产地	109	长安翠华山崩塌	180	略阳县黑坝天池	251	安塞化子坪天生桥丹霞地貌
39	潼关小秦岭金矿产地	110	延安宝塔山滑坡	181	略阳铜厂铜矿	252	安塞王家湾石蘑菇丹霞地貌
40	旬邑贡锑矿露头	111	山阳烟家沟滑坡	182	略阳大铁冶岩溶地貌	253	安塞清水沟丹霞地貌
41	神府煤田	112	安康汉滨大竹园泥石流	183	略阳白雀寺王富沟岩溶地貌	254	宝鸡九龙山丹霞地貌
42	榆林延安菁盐岩矿田	113	丹凤竹林关大泥石流	184	略阳白水江玉龙洞岩溶地貌	255	彬州大佛寺丹霞地貌
43	太白双王金矿产地	114	西安地裂缝	185	略阳圈句青泥河河流景观带	256	富县黄家岭丹霞地貌
44	略阳何家岩磷矿产地	115	西安白鹿塬黄土地貌	186	略阳龙池潭	257	富县雷家沟黄土地貌
45	安康石梯重晶石毒重石矿产地	116	西安浐灞湿地	187	宁陕东江口复式岩体	258	甘泉雨岔丹霞地貌
46	山阳小河口铜矿产地	117	临潼—长安断裂	188	宁陕鹏胭坂复式岩体	259	黄陵小石崖丹霞地貌
47	柞水银硐子银矿产地	118	长安沣峪花岗岩地貌	189	紫阳鲁家坪组典型剖面	260	旬邑黑牛窝丹霞地貌
48	柞水大西沟铁矿	119	长安南五台山花岗岩地貌	190	岚皋神河源岩溶地貌	261	旬邑蜈蚣洞丹霞地貌
49	陕西志丹油田	120	长安观音山花岗岩地貌	191	岚皋蜡烛山碎屑岩地貌	262	旬邑赵家东东丹霞地貌
50	榆林延安天然气田	121	长安太兴山花岗岩地貌	192	岚皋岚河店河流景观带	263	志丹弘门寺丹霞地貌
51	铜川马家沟硫灰岩露头	122	长安东大温泉	193	平利武当岩群火山岩剖面	264	志丹九吾山丹霞地貌
52	洋县毕机构钒钛磁铁矿产地	123	蓝田辋川岩溶地貌	194	平利嵇水河瀑布	265	宁强地洞河天坑群岩溶地貌
53	佛坪刚东钾长片麻岩	124	蓝田和牧户关复式花岗岩体	195	镇坪黄龙潭瀑布	266	南郑伯牛天坑群岩溶地貌
54	延长中国陆上第一井	125	周至丹凤岩群变质岩剖面	196	镇坪南江河上游峡谷地貌	267	西乡双漩涡天坑群岩溶地貌
55	铜川陈炉陶瓷矿业遗址	126	周至首阳山花岗岩地貌	197	镇坪三道门峡谷地貌	268	镇巴圈子崖天坑群岩溶地貌
56	柞水岩溶地貌	127	周至楼观台变质岩地貌	198	镇坪浪可峡谷地貌	269	神木公格沟丹霞地貌
57	山阳海螺店岩溶地貌	128	周至田峪峡谷地貌	199	旬阳袁家沟组典型剖面	270	华山山前断裂
58	凤县紫柏山岩溶地貌	129	鄠邑八里坪复式岩体	200	旬阳南羊山岩溶地貌	271	华阴华山仙峪峡谷地貌
59	宁强大安岩溶地貌	130	鄠邑二郎坪岩群变质岩剖面	201	旬阳神仙洞岩溶地貌	272	山阴关帝东岩溶地貌
60	石泉熨斗岩溶地貌	131	鄠邑紫阁峪花岗岩地貌	202	白河红石河瀑布	273	太白清水河河流景观带
61	镇坪小渝河岩溶地貌	132	鄠邑太平峪变质岩地貌	203	白河安槐白龙洞岩溶地貌	274	镇安丰裕洞岩溶地貌
62	华阴华山花岗岩地貌	133	鄠邑涝河河流景观带	204	商州宽坪岩群变质岩剖面	275	镇安黑窑沟峡谷地貌
63	太白青风峡花岗岩地貌	134	鄠邑高冠瀑布	205	商州玉石坡萤石矿	276	黄陵芦峪村丹霞地貌
64	丹凤凤冠山侵入岩地貌	135	铜川玉华山碎屑岩地貌	206	丹凤武关河火山岩剖面	277	永寿县御驾宫岩溶泉
65	华州少华山变质岩地貌	136	宜君云梦山碎屑岩地貌	207	山阳小河口青石垭组典型剖面	278	高陵泾渭分明
66	耀州照金丹霞地貌	137	宜君姜女泉	208	镇安程家川金鸡岭组典型剖面	279	泾阳县筛珠洞岩溶泉
67	志丹洛河河谷丹霞地貌	138	三叠铺宝鸡复式岩体剖面	209	镇安月西硫铁矿	280	韩城市牛心村瀑布
68	榆林龙洲丹霞地貌	139	宝鸡吴山花岗岩地貌	210	汉滨双龙洞岩溶地貌	281	礼泉唐王陵砾岩剖面
69	榆林红石峡碎屑岩地貌	140	宝鸡大散关峡谷地貌	211	华阴瓮峪峡谷地貌	282	礼泉昭陵烟霞岩溶泉
70	府谷莲花山丹霞地貌	141	宝鸡吴山花岗岩地貌	212	太白青峰山花岗岩地貌	283	乾陵龙岩寺岩溶泉
71	靖边天赐湾丹霞地貌	142	岐山崛山碳酸盐岩地貌	213	太白三岔峡谷地貌	284	洛南瓮沟瀑布

摄于 甘泉雨岔丹霞

彬州大佛寺丹霞

志丹永宁山丹霞

　　陕北丹霞地貌从榆林市府谷、靖边经延安市志丹、甘泉、安塞到铜川市照金，一直延伸到宝鸡市陈仓九龙山地区，呈"S"形分布，分布面积10773平方千米，以"沟谷形"丹霞地貌为特色，其中，靖边龙洲波浪谷、甘泉雨岔羚羊谷、安塞化子坪天生桥和王家湾石蘑菇，以及耀州照金丹霞等最为典型，观赏价值极高，中国独有，是中国丹霞地貌不可或缺的重要组成类型。

　　关中平原已发现地质遗迹点（集中区）37处。地质遗迹类型以温泉水体地貌类、古人类化石产地类、矿业遗址类和地质灾害类为主。典型代表有临潼华清池温泉、蓝田公王岭古人类化石产地和大荔人化石产地、铜川耀州窑矿业遗址、华县大地震遗迹等。

　　陕南秦巴山地已发现地质遗迹点（集中区）182处。基础地质大类包括有色金属典型矿床、地层剖面、岩石剖面、构造剖面等，典型代表有华县金堆城钼矿产地、洛南黄龙铺—石门小秦岭元古界剖面、紫阳芭蕉口志留系典型剖面、商南松树沟高压—超高压变质岩剖面、商（南）丹（凤）构造结合带等；地貌景观大类有岩溶地貌、侵入岩地貌、火山岩地貌、构造地貌、水体地貌和冰川地貌，典型代表有汉中天坑群、华山花岗岩地貌、旬阳太极城河流景观带、商南金丝峡、岚皋南宫山火山岩地貌、太白山第四纪古冰川地貌等；地质灾害大类包括有翠华山山崩遗迹、丹凤竹林关泥石流等。

摄于 宁强地洞河天坑

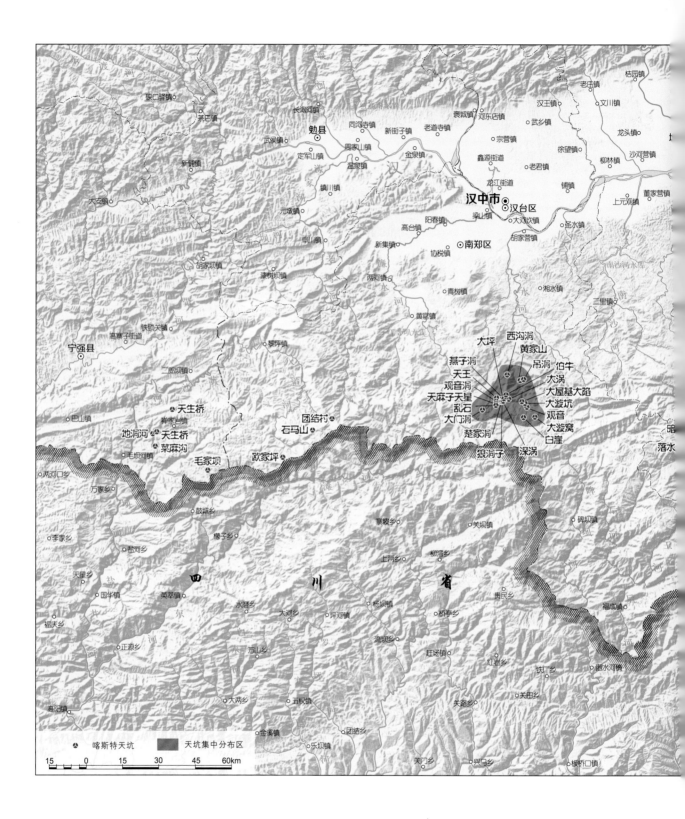

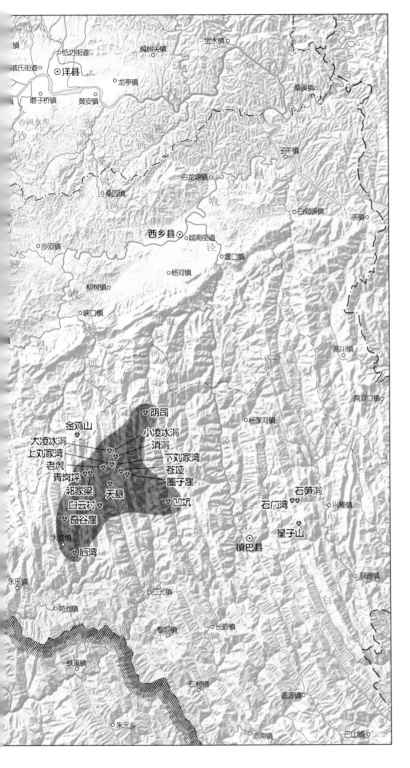

陕西省汉中天坑群

汉中天坑群沿宁强—南郑—西乡—镇巴一线分布，核心区面积114.54平方千米，发育有口径大于500米的超级天坑2个、大型天坑7个、常规天坑45个，是发育在中国北纬32°湿润热带—亚热带区最北界的岩溶地貌景观，也是全球岩溶台原面上发育数量最多的天坑群，被中国国家地理誉为"二十一世纪地理大发现"。

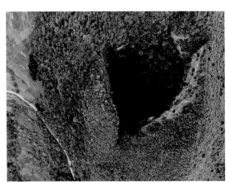

镇巴后湾天坑

陕西省自然保护区

陕西省现已建成自然保护区61处，涵盖了陕北高原、关中平原、秦巴山地等生态保护较好、野生动植物资源丰富的区域，主要集中在秦巴山地。总面积约11195平方千米，占全省国土面积的5.45%。国家级自然保护区26处，面积约6348平方千米，占全省国土面积的3.09%；省级自然保护区28处，面积约4253平方千米，占全省国土面积的2.07%；市（县）级自然保护区7处，面积约594平方千米，占全省国土面积的0.29%。

秦岭四宝之大熊猫

森林生态系统类型
荒漠生态系统类型
湿地生态系统类型
野生动物类型
地质遗迹类型
古人类遗迹类型

35   0   35   70   105   140km

陕西省森林生态系统类型自然保护区21处，包括子午岭、太白山、米仓山及化龙山等4处国家级自然保护区，主要保护对象为森林生态系统及珍稀野生动植物。

全省荒漠生态系统类型自然保护区为大荔沙苑县级自然保护区。

全省湿地类型自然保护区8处，包括红碱淖湿地自然保护区、汉江湿地自然保护区、无定河湿地自然保护区等，主要保护对象为湿地生态系统及珍稀鸟类。

全省野生动物自然保护区有28处，重点保护604种陆生脊椎动物，380种鸟类，包括大熊猫、羚牛、金丝猴、朱鹮等16种国家一级保护动物。国家级野生动物保护区中的佛坪、长青、天华山、青木川、桑园、周至、汉中朱鹮、牛背梁、延安黄龙山褐马鸡等保护区，主要保护对象为大熊猫、朱鹮、羚牛、金丝猴、林麝、黑鹳、金雕、白鹳、白肩雕、褐马鸡等国家一级保护动物。秦岭细鳞鲑、略阳珍稀水生动物、太白湑水河、丹江武关河、黑河珍稀水生野生动物等保护区，主要保护对象为秦岭细鳞鲑、大鲵、多鳞白甲鱼、渭河裸重唇鱼、山溪鲵等珍稀水生野生动物及栖息地。

全省地质遗迹自然保护区（点）2处，洛南黄龙铺—石门小秦岭元古界剖面和镇安东秦岭泥盆系岩相剖面是省级自然保护点。

全省古人类遗迹类型保护区1处，是蓝田公王岭古猿人遗址。

秦岭四宝之金丝猴

秦岭四宝之朱鹮

秦岭四宝之羚牛

陕西省自然保护区名录

编号	名称	级别
1	红碱淖湿地	国家级
2	陕西子午岭	国家级
3	陕西延安黄龙山褐马鸡	国家级
4	陕西韩城黄龙山褐马鸡	国家级
5	陕西陇县秦岭细鳞鲑	国家级
6	陕西紫柏山	国家级
7	陕西略阳珍稀水生动物	国家级
8	陕西摩天岭	国家级
9	陕西桑园	国家级
10	陕西太白湑水河水生野生动物	国家级
11	陕西长青	国家级
12	陕西黄柏塬	国家级
13	陕西周至老县城	国家级
14	陕西佛坪	国家级
15	陕西观音山	国家级
16	陕西周至	国家级
17	陕西天华山	国家级
18	陕西太白山	国家级
19	陕西黑河珍稀水生野生动物	国家级
20	陕西汉中朱鹮	国家级
21	陕西平河梁	国家级
22	陕西牛背梁	国家级
23	陕西青木川	国家级
24	陕西米仓山	国家级
25	陕西化龙山	国家级
26	陕西丹江武关河	国家级
27	陕西无定河湿地	省级
28	陕西劳山	省级
29	陕西延安柴松	省级
30	陕西桥山	省级
31	陕西黄龙山天然次生林	省级
32	陕西太安	省级
33	陕西石门山	省级
34	陕西香山	省级
35	陕西千湖湿地	省级
36	陕西安舒庄	省级
37	陕西野河	省级
38	陕西泾渭湿地	省级
39	陕西黄河湿地	省级
40	陕西神沙河	省级
41	陕西宝峰山	省级
42	陕西牛尾河	省级
43	陕西周至黑河湿地	省级
44	陕西皇冠山	省级
45	陕西鹰咀石	省级
46	东秦岭泥盆系岩相剖面	省级
47	蓝田公王岭古猿人遗址	省级
48	陕西华州区大鲵珍稀水生野生动物	省级
49	洛南黄龙铺—石门小秦岭元古界剖面	省级
50	陕西洛南大鲵	省级
51	陕西天竺山	省级
52	陕西新开岭	省级
53	陕西汉江湿地	省级
54	陕西瀛湖湿地	省级
55	陕西府谷杜松	市级
56	榆林市榆阳区臭柏	市级
57	榆林市横山臭柏	市级
58	陕西永寿翠屏山	市级
59	陕西淳化爷台山	市级
60	陕西神木臭柏	县级
61	大荔沙苑	县级

陕西省森林公园

陕西省现已建成国家级森林公园37处，省级森林公园49处。以秦岭森林公园数量最多，面积最多，已建成森林公园49处，涉及国有林场83处、各类保护区33处，总面积近5600平方千米。园区内珍稀野生动植物数量不断增加，秦岭大熊猫数量由20世纪80年代的109只增加到345只，朱鹮数量由1981年发现时的7只发展到3000多只，羚牛数量已近5000头，金丝猴数量超过5000只。

陕西省省级森林公园名录

编号	名称	编号	名称
1	翠屏山森林公园	26	神河源森林公园
2	仲山森林公园	27	女娲山森林公园
3	石鼓山森林公园	28	三道门森林公园
4	西安雁塔森林公园	29	灵崖寺森林公园
5	沣峪森林公园	30	秦王森林公园
6	太兴山森林公园	31	玉虚洞森林公园
7	西安祥峪森林公园	32	桥峪森林公园
8	紫云山森林公园	33	洽川森林公园
9	玉山森林公园	34	方山森林公园
10	翠峰山森林公园	35	华山森林公园
11	吴起退耕还林森林公园	36	商山森林公园
12	金山海荒森林公园	37	玉皇山森林公园
13	白鹿原森林公园	38	苍龙山森林公园
14	褒河森林公园	39	崛山森林公园
15	云雾山森林公园	40	红河谷森林公园
16	牢固关森林公园	41	龙门洞森林公园
17	榆林沙地森林公园	42	关山森林公园
18	榆林红石峡森林公园	43	宁东峡森林公园
19	秦岭十寨沟森林公园	44	嵯峨山森林公园
20	香山森林公园	45	乾陵森林公园
21	太安森林公园	46	红石河森林公园
22	吴山森林公园	47	镇巴苗寨森林公园
23	定边沙地森林公园	48	龙头山森林公园
24	莲花山森林公园	49	雷神谷森林公园
25	播鼓台森林公园		

陕西省森林公园数量

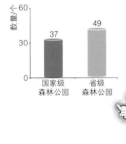

数量／个

37　49

国家级森林公园　省级森林公园

国家级森林公园
省级森林公园

35　0　35　70　105　140km

陕西省地质公园

陕西省现已建成各类地质公园18处，总面积约2486.68平方千米。其中世界地质公园1个、国家地质公园9个、国家矿山公园1个、省级地质公园7个。

陕西省地质公园一览表

名称	面积/km²	包含园区	级别
中国秦岭终南山世界地质公园	1074.85	翠华山景区、南五台、黑河、太平、朱雀、王顺山、骊山、蓝田猿人遗址	世界级
宜川壶口瀑布国家地质公园	30	/	国家级
商南金丝峡国家地质公园	20	白龙峡、黑龙峡、青龙峡、石燕寨、丹江源	国家级
翠华山国家地质公园	32	/	国家级
洛川黄土国家地质公园	8.20	/	国家级
岚皋南宫山国家地质公园	76.84	二郎坪、金顶、火山石、高山栎、莲花寨	国家级
耀州照金丹霞国家地质公园	60.80	秀房沟、王家沟、大香山	国家级
延川黄河蛇曲国家地质公园	86.50	/	国家级
柞水溶洞国家地质公园	17	/	国家级
汉中黎坪国家地质公园	72.63	黄杨河、石马山、黎坪	国家级
潼关金矿国家矿山公园	19.33	/	国家级
华山地质公园	159.28	/	省级
华州区少华山地质公园	56.63	红崖湖、少华峰、石门峡、潜龙寺	省级
佳县九曲黄河地质公园	30.40	/	省级
清涧无定河曲流群地质公园	47	/	省级
汉中天坑群地质公园	114.54	宁强禅家岩、南郑小南海、镇巴三元镇	省级
石泉燕翔洞地质公园	80	/	省级
丹凤上运石地质公园	15.58	/	省级

陕西省地质公园数量

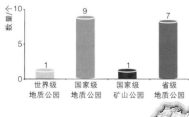

世界级地质公园 1
国家级地质公园 9
国家级矿山公园 1
省级地质公园 7

世界级地质公园
国家级地质公园
国家级矿山公园
省级地质公园

35 0 35 70 105 140km

鸟瞰大雁塔

八 综合评价和空间规划

>> 主体功能区

农产品主产区

生态功能区

公路交通体系

铁路交通体系

航空交通体系

西安市城市快速轨道交通体系

<<

陕西省主体功能区

　　以不同区域的资源环境承载能力、现有开发强度和未来发展潜力是否适宜或如何进行大规模高强度工业化城镇化开发为基准，按照开发方式，陕西省主体功能区划分为重点开发区域、限制开发区域和禁止开发区域三类。

　　重点开发区域的功能定位是支撑全省乃至全国经济发展的重要增长极，提升综合实力和产业竞争力的核心区，引领科技创新和推动经济发展方式转变的示范区，全省重要的人口和经济密集区。

　　限制开发的农产品主产区的功能定位是：保障农产品供给安全的重要区域，现代农业发展的核心区，农村居民安居乐业的美好家园，社会主义新农村建设的示范区。

　　限制开发的重点生态功能区的功能定位是：保障国家和地方生态安全的重要区域，人与自然和谐相处的示范区。

　　禁止开发区域的功能定位是保护自然文化资源的重要区域，珍稀动植物基因资源保护地。

陕西省主体功能区面积构成

18.94%　16.55%
10.70%
总面积
205625km²
53.81%

禁止开发区域
限制开发区域（农产品主产区）
限制开发区域（重点生态功能区）
重点开发区域

35　　0　　35　　70　　105　　140km

陕西省农产品主产区

农产品主产区是指具备较好的农业生产条件，以提供农产品为主体功能，以提供生态产品、服务产品和工业品为其他功能，需要在国土空间开发中限制进行大规模高强度工业化城镇化开发，以保持并提高农产品生产能力的区域。

陕西省农产品主产区主要包括渭河平原小麦主产区，以及渭北东部粮果区、渭北西部农牧区、洛南特色农业区，总面积31269平方千米，占全省国土面积的15.20%。

渭北苹果园

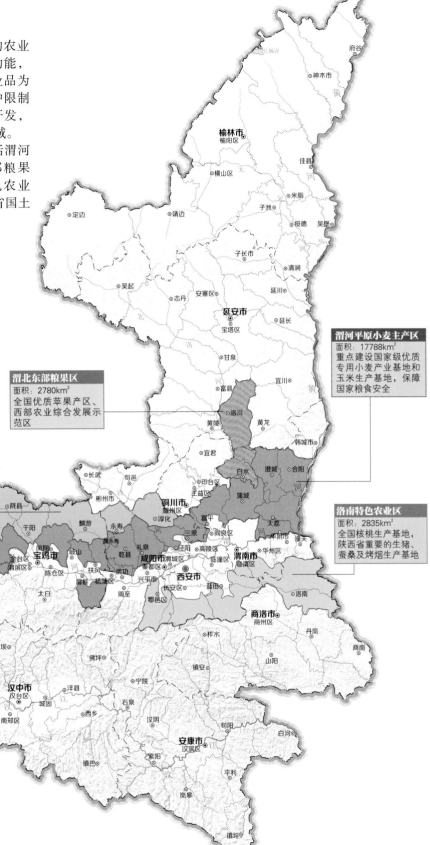

渭河平原小麦主产区
面积：17788km²
重点建设国家级优质专用小麦产业基地和玉米生产基地，保障国家粮食安全

渭北东部粮果区
面积：2780km²
全国优质苹果产区、西部农业综合发展示范区

渭北西部农牧区
面积：7866km²
优质奶畜产品生产基地、优质小麦生产基地、优质苹果和鲜杂果生产基地、中药材生产基地

洛南特色农业区
面积：2835km²
全国核桃生产基地，陕西省重要的生猪、蚕桑及烤烟生产基地

- ▨ 渭河平原小麦主产区
- ▨ 渭北东部粮果区
- ▨ 渭北西部农牧区
- ▨ 洛南特色农业区

35 0 35 70 105 140km

陕西省生态功能区

陕西省国家层面重点生态功能区包括黄土高原丘陵沟壑水土保持和秦巴生物多样性2个生态功能区。

黄土高原丘陵沟壑水土保持生态功能区涉及榆林、延安等2市10县（市、区），总面积2.23万平方千米，占全省国土面积的10.85%。该区黄土堆积厚度50～180米，坡面土壤和沟道侵蚀严重，水土流失敏感程度高，对黄河中下游生态安全构成重要影响。其功能定位为防治水土流失、维护生态安全。

秦巴生物多样性生态功能区涉及西安、宝鸡、汉中、安康、商洛等5市23县（区），总面积5.89万平方千米，占全省国土面积的28.65%。该区处于亚热带与暖温带的过渡区，是我国生物多样性最为丰富的地区之一，也是国家南水北调中线调水工程主要水源涵养区，是汉江、嘉陵江等重要河流的发源地。其功能定位为维护生物多样性、水源涵养、水土保持、提供生态产品。

陕西省层面生态功能区为长城沿线风沙草滩生态区、黄土高原农牧生态区、渭河谷地农业生态区、秦巴山地落叶阔叶常绿阔叶混交林生态区等4个生态功能区。

长城沿线风沙草滩生态区涉及榆林市5个县（区），细分为神榆横沙漠化控制、定靖北部沙化盐渍化控制和白于山河源水土保持等3个二级生态功能区，以及5个三级生态功能小区。总面积2.05万平方千米，占全省国土面积的9.97%，其功能定位为防风固沙、控制水土流失。

黄土高原农牧生态区涉及榆林、延安、咸阳、铜川4市32县（市、区），细分为黄土丘陵沟壑水土流失控制和黄土塬梁沟壑旱作农业2个二级生态功能区，以及11个三级生态功能小区。总面积6.63万平方千米，占全省国土面积的32.25%，其功能定位为土壤保持、旱作农业生产。

渭河谷地农业生态区涉及西安、宝鸡、咸阳、渭南4市44县（市、区）和杨凌示范区，细分为渭河两侧黄土台塬农业和关中平原城乡一体化2个二级生态功能区，以及6个三级生态功能小区。总面积3.5万平方千米，占全省国土面积的17.02%，其功能定位为农业生产和城镇发展。

秦巴山地落叶阔叶常绿阔叶混交林生态区涉及西安、宝鸡、渭南、汉中、安康、商洛等6市42县（市、区），细分为秦岭山地水源涵养与生物多样性保育、汉江两岸丘陵盆地农业和米仓山、大巴山水源涵养等3个二级生态功能区，以及13个三级生态功能小区。总面积8.38万平方千米，占全省国土面积的40.76%，其功能定位为水源涵养、水文调节、维护生物多样性。

陕南汉中盆地

洛河河谷

长城沿线风沙草滩生态区
（一）神榆横沙漠化控制生态功能区
1 榆神北部沙化控制区
2 横榆沙地防风固沙区
（二）定靖北部沙化、盐渍化控制生态功能区
3 定靖东北部防风固沙区
4 定靖西南风蚀、盐渍化控制区
（三）白于山河潭水土保持生态功能区
5 白于山河潭水土保持区

黄土高原农牧生态区
（四）黄土丘陵沟壑水土流失控制生态功能区
6 榆神府黄土梁水蚀风蚀控制区
7 黄土峁状丘陵沟壑水土流失敏感区
8 黄土梁峁沟壑水土流失控制区
9 白于山南侧水土保持控制区
10 宜延黄土梁土壤侵蚀敏感区
11 黄河沿岸土壤侵蚀敏感区
（五）黄土塬梁沟壑旱作农业生态功能区
12 子午岭水源涵养区
13 洛川黄土塬农业区
14 黄龙山、崂山水源涵养区
15 铜川塬梁土壤侵蚀控制区
16 彬长黄土残塬农业区

渭河谷地农业生态区
（六）渭河两侧黄土台塬农业生态功能区
17 渭河两侧黄土台塬农业区
18 断陇北山水源涵养与土壤保持区
19 关山水源涵养区
（七）关中平原城乡一体化生态功能区
20 关中平原城镇及农业区
21 大荔沙苑风沙控制区
22 黄河湿地生物多样性保护与水文调控区

秦巴山地落叶阔叶常绿阔叶混交林生态区
（八）秦岭山地水源涵养与生物多样性保育生态功能区
23 秦岭北坡段土壤侵蚀控制区
24 秦岭北坡中西段水源涵养区
25 凤县宽谷盆地土壤侵蚀控制区
26 秦岭中高山生物多样性保护区
27 秦岭南坡东段水源涵养区

28 商洛中低山水源涵养与土壤保持区
29 镇柞灰岩中山水土流失敏感区
30 秦岭南坡中西段中低山水源涵养与土壤保持区
（九）汉江两岸丘陵盆地农业生态功能区
31 汉江两岸低山丘陵土壤侵蚀控制区
32 汉中盆地城镇及农业区
33 月河盆地城镇及农业区
（十）米仓山、大巴山水源涵养生态功能区
34 大巴山水源涵养与生物多样性保护区
35 米仓山水源涵养区

——— 一级生态功能区界
- - - - 二级生态功能区界
——— 三级生态功能区界

35 0 35 70 105 140km

陕西省公路交通体系

陕西省是国家高速公路网的重要组成部分，也是西北地区通往西南、华北、中南地区的枢纽系统，以及新丝绸之路和新亚欧大陆桥上重要的过境通道。

截至2018年底，陕西省公路总里程17.50万千米，公路网密度86.18千米/百平方千米。高速公路通车里程5279千米，干线公路新改建2300多千米，新改建、完善农村公路超30000千米。基本实现县县通高速、重点镇通二级公路、村村通沥青路。

陕西省共建有高速公路45条，总入网里程8452千米，形成了"米"字形高路公路网，国家高速公路总计21条，省级高速公路总计24条

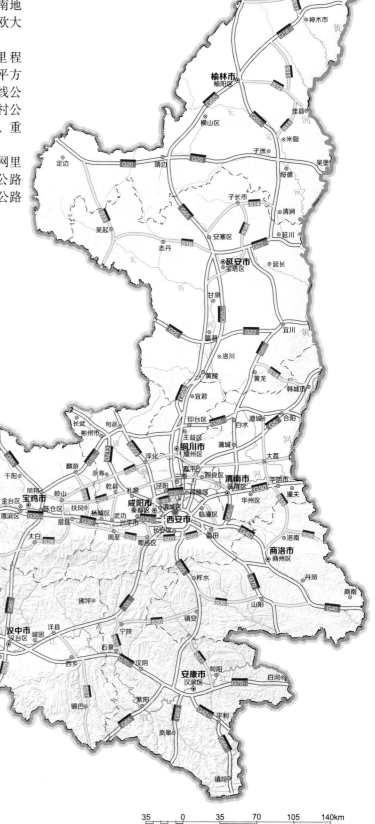

G5	京昆高速	S1	西安咸阳国际机场专用高速
G20	青银高速	S02	西安外环高速
G22	青兰高速	S03	西安大环高速
G30	连霍高速	S10	府神高速
G40	沪陕高速	S11	神米高速
G65	包茂高速	S12	佳榆高速
G69	银百高速	S13	澄商高速
G70	福银高速	S14	清安高速
G85	银昆高速	S15	子洛高速
G18₁₂	沧榆高速	S16	延吴高速
G22₁₁	长延高速	S17	桐旬高速
G30₁₁	临兴高速	S18	韩黄高速
G30₂₂	渭南过境高速	S19	福银连霍联络高速
G30₂₃	西兴高速	S20	大风高速
G30₂₄	宝鸡过境高速	S21	宁石高速
G35₁₁	菏宝高速	S22	乾岐高速
G42₁₃	麻安高速	S23	定吴高速
G65₁₁	榆蓝高速	S24	周凤高速
G65₂₂	延西高速	S25	麟绛高速
G69₁₁	安来高速	S26	洛卢高速
G70₁₁	十天高速	S27	洋镇高速
		S28	眉凤高速
		S29	茶胡高速
		S30	丹宁高速

国家高速公路

省级高速公路

陕西省铁路交通体系

　　截至2018年底，陕西省铁路总里程5140.40千米。高速铁路856千米，总延展长度11107.74千米。

　　客运方面，全年动车组累计发送旅客5628.70万人，同比增长73.40%，占比提高到51%，动车旅客发送量首次超过普通旅客。

　　货运方面，全年发送煤炭1.27亿吨、同比增长24.10%，单日装车22次刷新历史记录。

　　陕西省高铁形成了以西安为核心，连接周边、辐射全国，城市群1小时通勤，2～3小时到达周边省会城市，4～6小时到达京津冀、长三角、珠三角的唯一"米"字形高铁交通网。

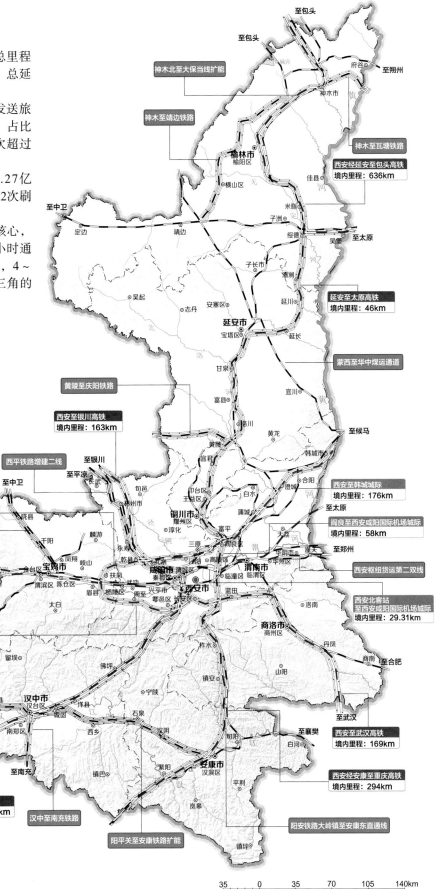

陕西省航空交通体系

延安机场

"1+4+N民用机场格局"

西安咸阳国际机场
大型国际枢纽

榆林机场
呼包银榆区域中心机场
汉中机场
秦巴地区区域中心机场
延安机场
陕甘宁区域中心机场
安康机场
陕川渝区域中心机场

若干个支线机场
和通用机场

西安国家通用航空产业
综合示范核心区

✈ 已有通用机场

🛫 规划建设通用机场

🛬 拟/在建支线机场

35 0 35 70 105 140km

西安咸阳国际机场出发直航的国内城市及航线图

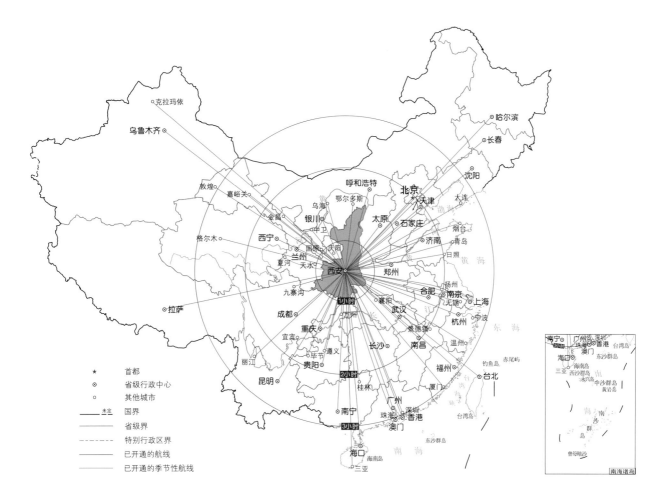

克拉玛依
乌鲁木齐
敦煌　嘉峪关
呼和浩特　哈尔滨
长春
北京　沈阳
天津　大连
鄂尔多斯
乌海　太原　石家庄
金昌　银川　中卫　烟台
格尔木　西宁　固原　庆阳　济南　青岛
兰州　天水　日照　黄海
夏河　郑州
西安
九寨沟　襄阳　扬州
拉萨　成都　武汉　南京　上海
重庆　荆州　杭州　宁波
宜宾　景德镇
毕节　遵义　长沙　南昌　温州
丽江　贵阳　福州　东海
昆明　桂林　台北
广州　厦门
南宁　深圳
珠海　香港　台湾岛
澳门
海口
海南岛　南海
三亚　东沙群岛

1小时
2小时
3小时

首都
省级行政中心
其他城市
国界
省级界
特别行政区界
已开通的航线
已开通的季节性航线

南宁　广州　深圳
澳门　珠海　香港
海口　台湾岛
三亚　西沙群岛　东沙群岛
中沙群岛　黄岩岛
南沙群岛
曾母暗沙
南海诸岛

截至2019年12月31日，陕西省民航旅客吞吐量5109万次，货邮吞吐量39.30万吨。其中，西安机场累计开通国际（地区）航线88条，通达全球36个国家、74个主要枢纽和经济旅游城市，其中，"一带一路"航线覆盖20个国家43个城市，已初步形成"丝路贯通、欧美直达、五洲相连"的国际航线网络格局。

西安咸阳国际机场

西安市城市快速轨道交通体系

西安市城市快速轨道交通系统简称"西安地铁"，于2006年9月29日开工建设，2011年9月16日投入运营，是西北地区第一个开通地铁的城市。

截至2019年9月，西安市开通运营地铁线路共4条。在建地铁线路有9条（段）。待建地铁线路有6条（段），分别为地铁7号线、地铁11号线、地铁12号线、地铁15号线、地铁17号线、地铁18号线。

西安市开通运营地铁

线路	标识色	车站数/座	线路长度/km
1号线	碧海蓝	23	31.50
2号线（一期）	朱颜红	21	26.30
3号线	罗兰紫	26	39.15
4号线	爱琴蓝	29	35.20

西安市在建地铁

线路	车站数/座	线路长度/km
5号线	34	45.17
6号线	31	39.93
9号线（一期）	15	25.30
8号线（环线）	37	50
2号线（二期）	4	6.90
14号线	8	13.65
16号线（一期）	9	15.03

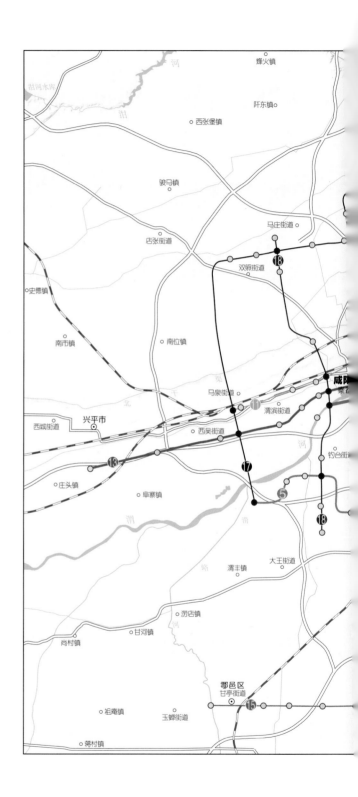

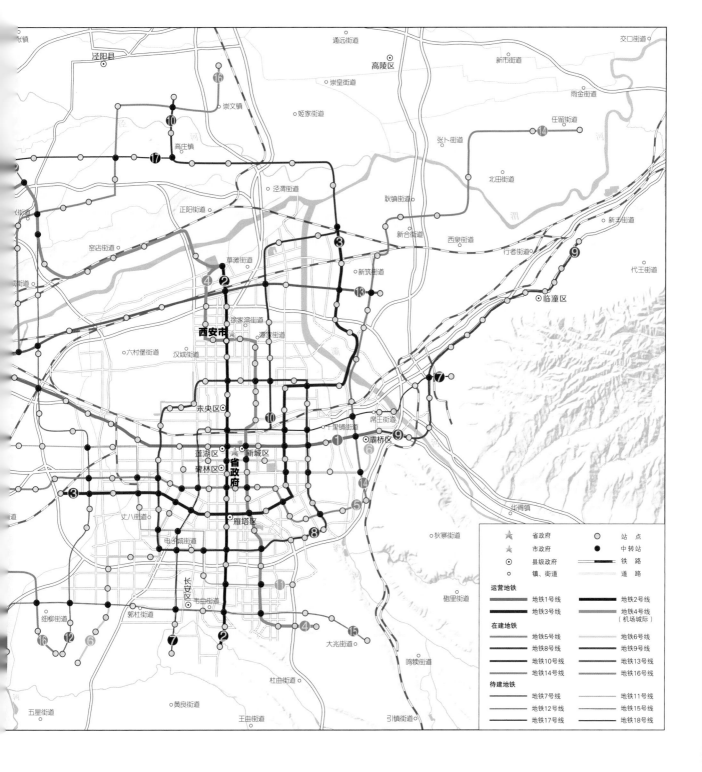

通远街道

高陵区 ⊙

交口街道

崇皇街道

新市街道

姬家街道

张卜街道

雨金街道

崇文镇

⑯

⑩

高庄镇

⑰

泾渭街道

北田街道

任留街道

⑭

正阳街道

耿镇街道

新丰街道

窑店街道

草滩街道

新合街道

西泉街道

行者街道

⑨

代王街道

④ ②

③

新筑街道

临潼区 ⊙

西安市

徐家湾街道

⑬

滹沱街道

六村堡街道

汉城街道

⑦

未央区

⑩

十里铺街道

⑨

⑥

⑧

⊙ 灞桥区

莲湖区

⭐ 新城区

省政府

⭐

碑林区

⑭

③

⑤

华胥镇

丈八街道

雁塔区

电子城街道

⑧

狄寨街道

砲里街道

⑪

长安区

韦曲街道

郭杜街道 ⊙

④

⑮

大兆街道

⑯ ⑫ ⑥

⑦

②

鸣犊街道

细柳街道

杜曲街道

五星街道

黄良街道

王曲街道

引镇街道

⭐	省政府	◎	站 点
⭐	市政府	●	中转站
⊙	县级政府		铁 路
○	镇、街道		道 路

运营地铁

	地铁1号线		地铁2号线
	地铁3号线		地铁4号线（机场城际）

在建地铁

	地铁5号线		地铁6号线
	地铁8号线		地铁9号线
	地铁10号线		地铁13号线
	地铁14号线		地铁16号线

待建地铁

	地铁7号线		地铁11号线
	地铁12号线		地铁15号线
	地铁17号线		地铁18号线

泾阳县 ⊙

摄于 山阳滑坡

九 地质灾害与矿山地质环境

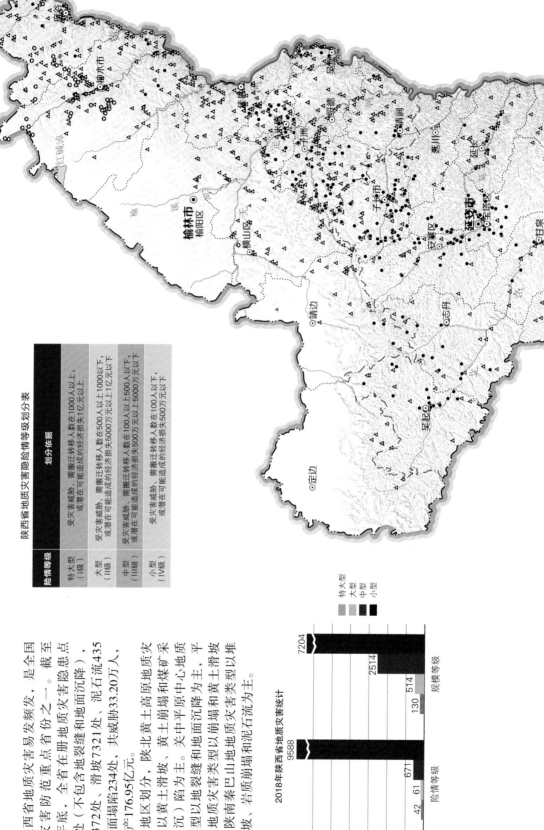

陕西省地质灾害隐患等级划分表

险情等级	划分依据
特大型（I级）	受灾害威胁、需撤迁移人数在1000人以上，或潜在可能造成的经济损失1亿元以上
大型（II级）	受灾害威胁、需撤迁移人数在500人以上1000人以下，或潜在可能造成的经济损失5000万元以上1亿元以下
中型（III级）	受灾害威胁、需撤迁移人数在100人以上500人以下，或潜在可能造成的经济损失500万元以上5000万元以下
小型（IV级）	受灾害威胁、需撤迁移人数在100人以下，或潜在可能造成的经济损失500万元以下

2018年陕西省地质灾害统计

险情等级／规模等级

- 特大型
- 大型
- 中型
- 小型

9588　7204　2514　514　130　671　61　42

陕西省地质灾害

　　陕西省地质灾害易发频发，是全国地质灾害防范重点省份之一。截至2018年底，全省在册地质灾害隐患点10362处（不包含地裂缝和地面沉降），崩塌2372处，滑坡7321处，泥石流435处，地面塌陷234处，共威胁33.20万人，威胁财产176.95亿元。

　　按地区划分，陕北黄土高原地质灾害类型以黄土滑坡、黄土崩塌和煤矿采空塌（沉）陷为主。关中平原中心地质灾害类型以地裂缝和地面沉降为主，平原外围地质灾害类型以崩塌和黄土滑坡为主。陕南秦巴山地地质灾害类型以堆积层滑坡、岩质崩塌和泥石流为主。

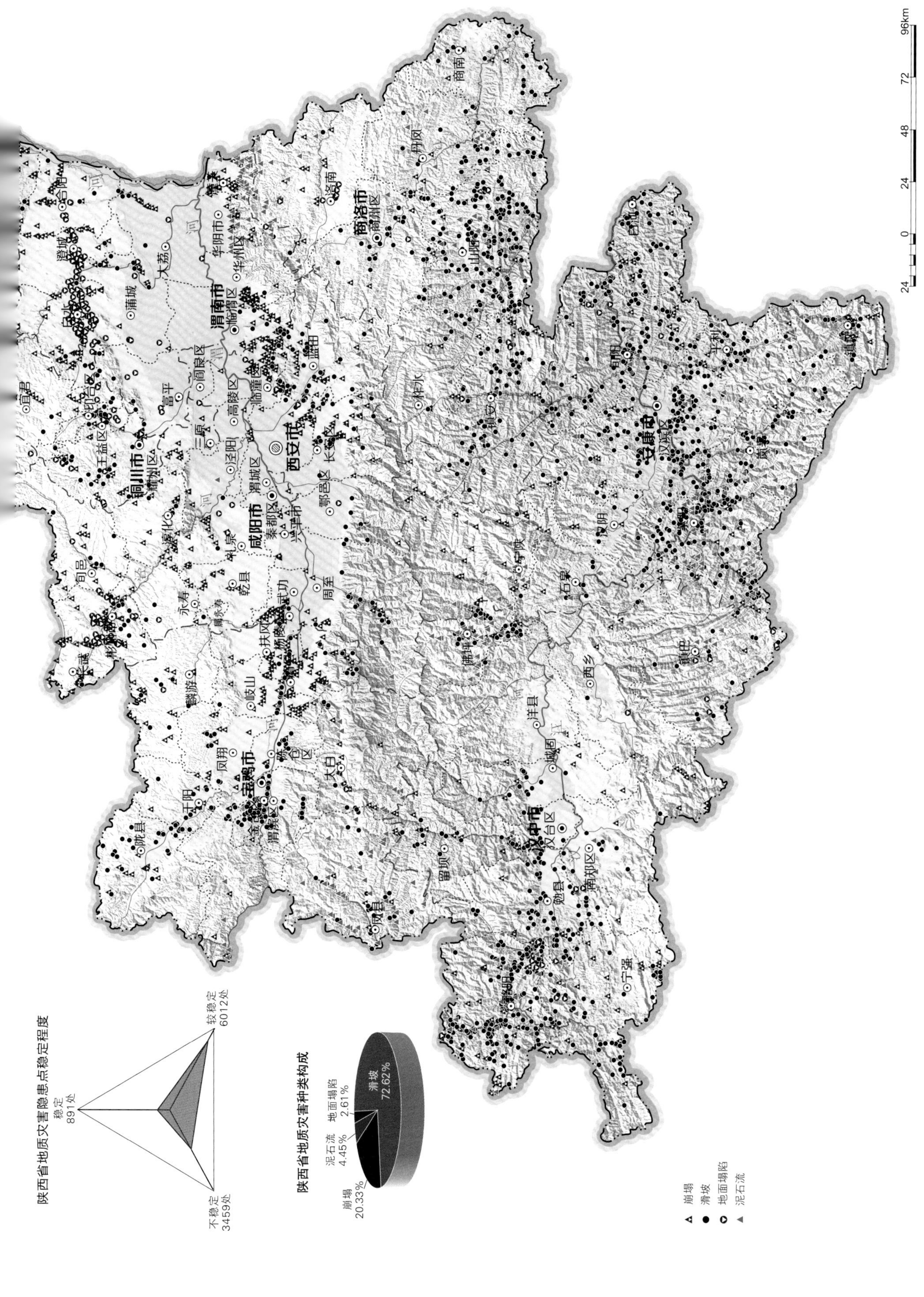
陕西省地质灾害隐患点稳定程度
稳定 891处
较稳定 6012处
不稳定 3459处
陕西省地质灾害种类构成
滑坡 72.62%
崩塌 20.33%
泥石流 4.45%
地面塌陷 2.61%
崩塌
滑坡
地面塌陷
泥石流
0 24 48 72 96km
西安市
咸阳市
宝鸡市
铜川市
渭南市
商洛市
汉中市
安康市

陕西省崩塌

截至2018年底，陕西省在册崩塌隐患点2372处，共威胁1.33万户6.32万人，威胁财产28.08亿元。主要分布于陕北高原东北部黄土梁峁区和黄河沿岸土石山区，关中平原渭北山前黄土塬边和秦岭北麓山前地带，陕南秦巴山地公路沿线。

按险情等级划分，包括特大型6处、大型13处、中型167处、小型2186处；按规模等级划分，包括特大型27处、大型133处、中型764处、小型1448处；按稳定性划分，包括稳定129处、较稳定1495处、不稳定748处。

陕西省各市区崩塌分布统计

市　区	数量/处
西安市	153
宝鸡市	199
咸阳市	173
铜川市	76
渭南市	232
延安市	330
榆林市	846
汉中市	138
安康市	120
商洛市	55
韩城市	32
西咸新区	18
总计	2372

崩塌规模分类

规模	体积V/10⁴ m³
特大型	$V \geq 100$
大型	$10 \leq V < 100$
中型	$1 \leq V < 10$
小型	$V < 1$

 崩塌

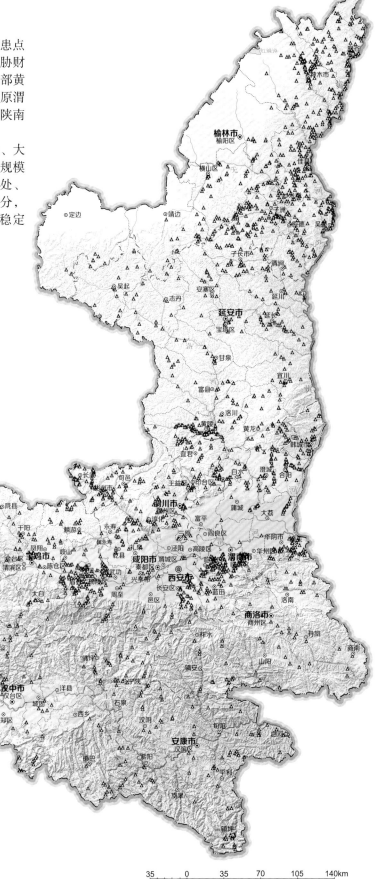

35　0　35　70　105　140km

陕西省滑坡

  截至2018年底，陕西省在册滑坡隐患点7321处，威胁4.29万户22.48万人，威胁财产119.06亿元。主要分布于陕北高原中东部黄土梁峁区、关中平原黄土塬边、陕南秦巴山地中低山区。

  按险情等级划分，包括特大型28处、大型29处、中型374处、小型6890处；规模等级划分，包括特大型62处、大型320处、中型1556处、小型5383处；按稳定性划分，包括稳定724处、较稳定4117处、不稳定2480处。

陕西省各市区滑坡分布统计

市 区	数量/处
西安市	235
宝鸡市	473
咸阳市	47
铜川市	93
渭南市	95
延安市	344
榆林市	504
汉中市	1504
安康市	2602
商洛市	1399
韩城市	16
西咸新区	9
总计	7321

滑坡规模分类

规模	滑坡体体积V/10⁴ m³
特大型	$V \geq 100$
大型	$10 \leq V < 100$
中型	$1 \leq V < 10$
小型	$V < 1$

● 滑坡

陕西省地面塌陷

截至2018年底，陕西省在册地面塌陷隐患点234处，威胁5923户2.25万人，威胁财产9.05亿元。主要分布于榆林市、咸阳市、渭南市的煤炭开采区和陕南秦巴山地金属、非金属矿山开采区。

按险情等级划分，包括大型9处、中型61处、小型164处；按规模等级划分，包括大型24处、中型59处、小型151处；按稳定性划分，包括稳定16处、较稳定131处、不稳定87处。

陕西省各市区地面塌陷分布统计

市 区	数量/处
西安市	4
宝鸡市	3
咸阳市	5
铜川市	21
渭南市	106
延安市	11
榆林市	25
汉中市	18
安康市	3
商洛市	14
韩城市	24
西咸新区	0
总计	234

地面塌陷规模分类

规模	塌陷坑直径D/m	影响范围 S/km²
特大型	D≥50	S≥20
大型	30≤D<50	10≤S<20
中型	10≤D<30	1≤S<10
小型	D<10	S<1

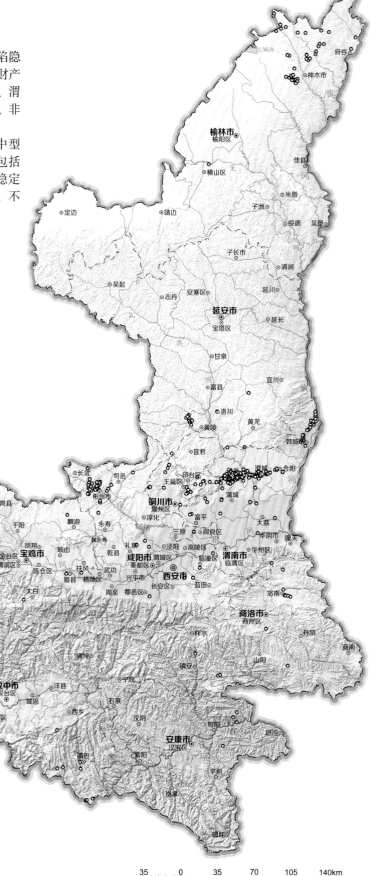

◐ 地面塌陷

35　0　35　70　105　140km

陕西省泥石流

　　截至2018年底，陕西省在册泥石流隐患点435处，威胁3896户2.15万人，威胁财产20.76亿元。主要分布于关中断陷盆地秦岭北麓和陕南秦巴山地中低山区。

　　按险情等级划分，特大型8处、大型10处、中型69处、小型348处；按规模等级划分，特大型41处、大型37处、中型135处、小型222处；按稳定性划分，稳定22处、较稳定269处、不稳定144处。

陕西省各市区泥石流分布统计

市　区	数量/处
西安市	12
宝鸡市	53
咸阳市	1
铜川市	0
渭南市	62
延安市	7
榆林市	17
汉中市	81
安康市	143
商洛市	59
韩城市	0
西咸新区	0
总计	435

泥石流规模分类

规模	泥石流一次堆积总方量V/10⁴ m³	泥石流洪峰流量Q/（m³/s）
特大型	$V \geq 50$	$Q \geq 200$
大型	$10 \leq V < 50$	$100 \leq Q < 200$
中型	$1 \leq V < 10$	$50 \leq Q < 100$
小型	$V < 1$	$Q < 50$

▲ 泥石流

35　0　35　70　105　140km

西安市地裂缝

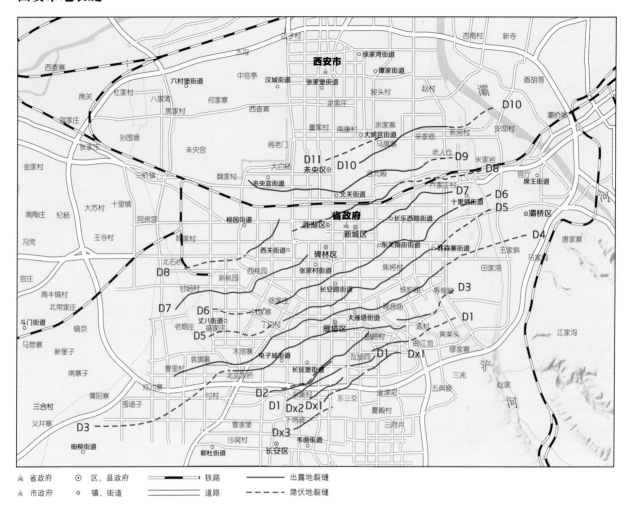

图例：
★ 省政府　⊙ 区、县政府　■■■ 铁路　——— 出露地裂缝
☆ 市政府　○ 镇、街道　═══ 道路　----- 隐伏地裂缝

截至2018年底，西安市区已发现14条地裂缝，地裂缝总长度160余千米，地表出露80余千米，未出露（隐伏）地裂缝约80千米。单条地裂缝出露最长约13千米。总体走向为NEE，间距0.60～1.50千米，近似平行分布。

近年来，西安市地裂缝整体活动强度呈减弱趋势。近年活动强度较大的为D7地裂缝鱼化寨段，活动量大于30毫米/年，其余地裂缝活动量大都小于5毫米/年。

西安市地裂缝特征表

编号	名称	总长度/km	总体走向	走向变化	起讫区域
Dx1	东三爻—曲江池地裂缝	6.2	NE70°	NE50°～80°	西起三森国际家居城，东至新开门
Dx2	南寨子—新小寨地裂缝	2.5	NE55°	NE20°～60°	西起南寨子，东至南窑村西
Dx3	清凉山地裂缝	2	NE40°	NE40°	西起长安区下塔坡，东至西安工程机械专修学院南
D1	南三爻—射击场地裂缝	11.8	NE70°	NE45°～80°	西起西姜村，东至长鸣路
D2	陕西师范大学—陆家寨地裂缝	7.2	NE75°	NE45°～80°	西起齐王村，东至大唐芙蓉园
D3	大雁塔—北池头地裂缝	25.4	NE75°～85°	NE40°～NW285°	西起石羊村，东至新兴南路
D4	陕西宾馆—小寨地裂缝	22.8	NE65°～75°	NE30°～NW290°	西起北岭村，东至国棉四厂
D5	沙井村—秦川厂地裂缝	17.3	NE65°～75°	NE60°～NW295°	西起丈八路，东至纺渭路
D6	黄雁村—和平门地裂缝	15.8	NE70°	NE40°～NW295°	西起丈八路，东至灞桥热电厂
D7	西北大学—西光厂地裂缝	13.6	NE70°	NE40°～NW310°	西起皂河，东至幸福北路
D8	劳动公园—铁路材料总厂地裂缝	8.6	NE65°～75°	NE35°～NW295°	西起北石桥，东至十里铺
D9	红庙坡—八府庄地裂缝	15.0	NE70°～85°	NE40°～NW300°	西起红庙坡，东至米家岩
D10	大明宫—辛家庙地裂缝	9.7	NE75°	NE60°～NW285°	西起孙家湾村东，东至广运潭及灞河小区
D11	方新村—井上村地裂缝	2.4	NE80°	NE80°	西起方新村，东至井上村

陕西省地质灾害易发程度分区

根据全省地质灾害发育现状，结合地质灾害形成条件与诱发因素，将地质灾害区划分为高易发区、中易发区、低易发区和非易发区4个等级。

地质灾害高易发区主要分布于陕北黄土梁峁边缘、黄土塬边、秦岭北麓山前地带和陕南秦巴山地中低山区沟谷两侧，地形相对高差大、岩土体破碎、人类工程活动强烈，地质灾害灾点密度大，是地质灾害重点防范区。

地质灾害中易发区主要分布于高易发区外围，处于高易发区和低易发区的过渡地带，地形相对高差较大、岩土体较破碎、人类工程活动一般，地质灾害发育程度中等，灾点密度较大，是地质灾害次重点防范区。

地质灾害低易发区主要分布于陕北高原黄土梁峁顶部，关中平原黄土台塬、阶地中部和陕南秦巴山地高中山区，地形起伏小、岩土体较完整、人类工程活动微弱，地质灾害发育程度低，地质灾害点密度小，是地质灾害一般防范区。

地质灾害非易发区主要分布于毛乌素沙地、渭河河谷、陕南秦巴山地的汉江盆地和月河盆地中心地带，区内地势平坦，地质灾害点稀少。

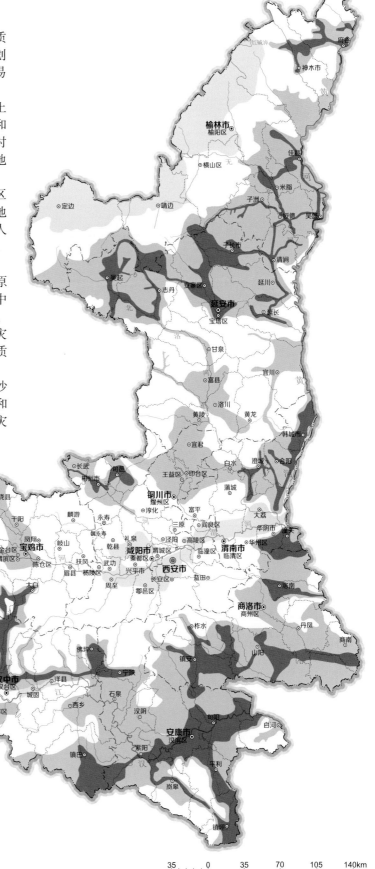

陕西省地质灾害易发程度分区面积构成

8.02%
18.00%
总面积
205625km²
39.30%   34.68%

- 高易发区
- 中易发区
- 低易发区
- 非易发区

35   0   35   70   105   140km

陕西省矿山地质环境

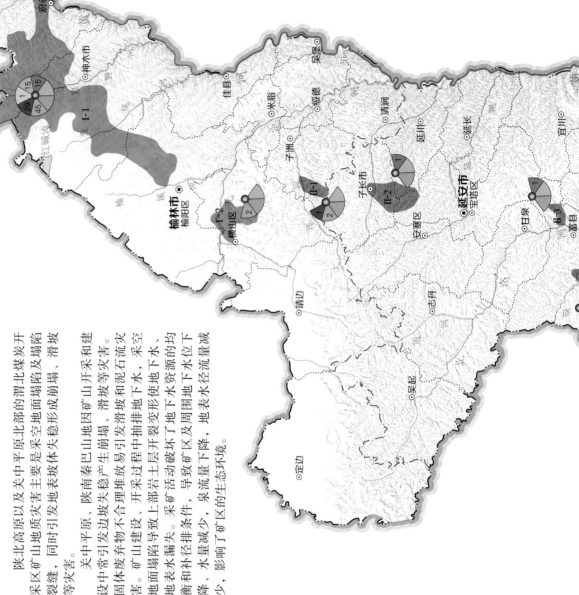

陕北高原以及关中平原北部的渭北煤炭开采区矿山地质灾害主要是采空地面塌陷及塌陷、滑坡、裂缝，同时引发地表坡体失稳形成崩塌、滑坡等灾害。

关中平原，陕南秦巴山地矿山开采和建设中常引发边坡产生崩塌、滑坡等灾害。

固体废弃物不合理堆放易引发滑坡和泥石流灾害。矿山建设、开采过程土层上部岩土裂变形使地下水、采空地面塌陷导致破坏了地下水资源的均衡和补给条件，泉流量下降，水量减少，地表水径流量减少，影响了矿区的生态环境。

矿山地质环境影响评估分区表

分区编号	分区等级	名称	面积/km²
I-01	严重区	榆神府矿区	4366.99
I-02	严重区	榆横矿区	405.54
I-03	严重区	黄陵一宜君矿区	449.42
I-04	严重区	韩城矿区	288.88
I-05	严重区	铜川焦坪矿区、旬邑磁矿区	981.75
I-06	严重区	彬长矿区	594.61
I-07	严重区	铜川川矿矿区	304.67
I-08	严重区	蒲白合阳煤矿区	379.68
I-09	严重区	渭北石灰岩矿采区	161.15
I-10	严重区	净化-泾阳建筑用石料开采区	387.25
I-11	严重区	金堆城钼矿区	312.31
I-12	严重区	太白一眉县非金属矿区	298.64
I-13	严重区	凤太铅锌矿区	1044.52
I-14	严重区	略阳宁多金属矿区	997.04
I-15	严重区	柞水一镇安金多金属矿区	1047.5
I-16	严重区	山阳一商县钒矿开采区	818.56
I-17	严重区	旬阳汞锑矿区	512.02
I-18	严重区	汉阴金矿区	99.12
I-19	严重区	镇巴煤矿区	477.1
I-20	严重区	略阳一紫阳页岩煤田开采区	808.51
I-21	严重区	南郑多金属矿开采区	189.88
I-22	严重区	汉台-城固建材矿区	431.29
II-01	较严重区	子洲一清涧矿区	139.74
II-02	较严重区	子长宝塔矿区	436.3
II-03	较严重区	富县直罗矿区	82.58
II-04	较严重区	蓝田县建材矿区	170.4
II-05	较严重区	麟游一彬州一永寿县煤矿区	264.25
II-06	较严重区	商州区灰岩及石料开采区	197.06
II-07	较严重区	凤阳县一千阳石灰岩开采区	599.26
II-08	较严重区	华阴、华阴建材矿区	556.26
II-09	较严重区	洛南县建材矿区	600.52
II-10	较严重区	商州区金属及建材金属矿开采区	247.95
II-11	较严重区	丹凤县金属矿区	741.51
II-12	较严重区	山阳一洵阳县建材矿区	395.94
II-13	较严重区	石泉一汉阴县建材矿区	142.98
II-14	较严重区	宁陕县金属矿区	66.07
II-15	较严重区	南郑县来矿开采区	499.81
II-16	较严重区	旬阳县金属矿区	108.71
II-17	较严重区	白河县建材及非金属矿开采区	711.01
II-18	较严重区	旬阳县化工原料及非金属矿开采区	191.08
II-19	较严重区	平利县非金属矿开采区	613.77
II-20	较严重区	凤翔一平一麟干县石煤矿开采区	1196.18
II-21	较严重区	凤翔县建材矿开采区	290.01
II-22	较严重区	商州区金属及建材矿开采区	557.72
II-23	较严重区	汉滨区非金属矿开采区	395.14
II-24	较严重区	石泉一汉阴县建材矿开采区	89.64
II-25	较严重区	西乡石膏矿区	133.63
II-26	较严重区	西乡县纯矿开采区	120.94
II-27	较严重区	洋县建材及非金属矿开采区	298.2
II-28	较严重区	洋县建材非金属矿开采区	279.84
II-29	较严重区	南郑一勉县建材非金属矿开采区	613.25
II-30	较严重区	宁强县建材矿开采区	194.04
II-31	较严重区	宁强金属矿区	179.4
II-32	较严重区	留坝县建材矿山开采区	251.19

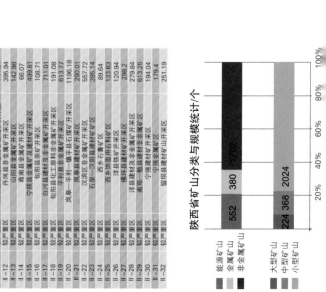

陕西省矿山分类与规模统计/个

能源矿山 552 金属矿山 380 非金属矿山 1702

大型矿山 224 中型矿山 368 小型矿山 2024

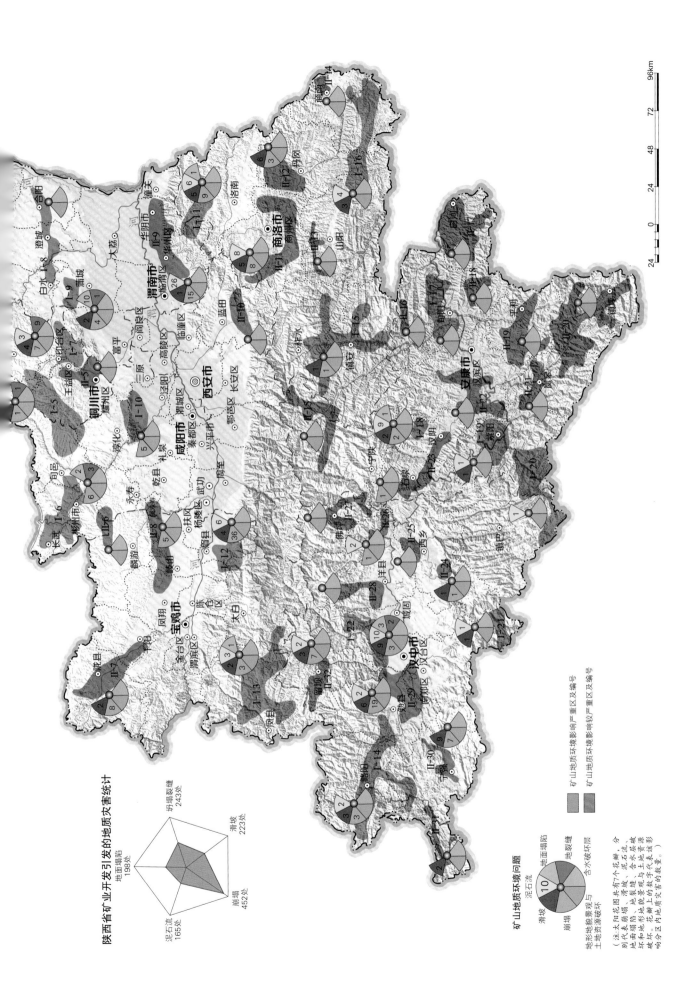

陕西省矿业开发引发的地质灾害统计

陕西省矿业开发引发的地质灾害统计

矿山地质环境问题

（注:太阳图花有六个花瓣,分
别代表地面塌陷、滑坡、泥石流、
地面塌陷、地裂缝、含水层破
坏和地形地貌景观与土地资源破
坏,花瓣上的数字代表影
响分区内地质灾害的数量。）

矿山地质环境影响严重区及编号

矿山地质环境影响较严重区及编号

陕西省矿山地质环境治理区划

陕西省矿山地质环境治理区共54个，面积2.67万平方千米，占全省国土面积的12.98%。重点治理区22个，面积1.53万平方千米，占全省国土面积的7.44%。一般治理区32个，面积1.14万平方千米，占全省国土面积的5.54%。

陕北高原重点治理区主要分布于陕北煤矿集中开采区，主要有榆神府煤矿区、榆横煤矿区、黄陵—宜君煤矿区重点治理区等。

关中平原重点治理区主要分布于金属矿及建材非金属矿集中开采区，主要有金堆城钼矿区、渭北石灰岩开采区、淳化—泾阳建筑用石料开采区重点治理区等。

陕南秦巴山地重点治理区主要分布于金属矿集中开采区，主要有柞水—镇安金属矿区、汉阴金矿区、略勉宁金属矿区重点治理区等。

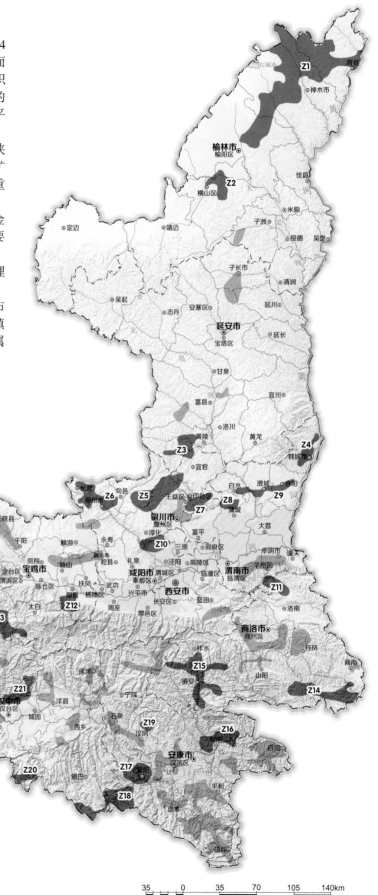

■ 重点治理区
▨ 一般治理区

35　0　35　70　105　140km

陕西省矿山地质环境重点治理区一览表

编号	重点治理区名称	面积/km²	位置
Z1	榆神府煤矿区	4366.99	榆阳区牛家梁镇—神木市大柳塔镇—府谷县府谷镇
Z2	榆横煤矿区	405.54	横山区韩岔镇—波罗镇
Z3	黄陵—宜君煤矿区	449.42	黄陵县苍村—腰坪—宜君县—黄陵县双龙镇
Z4	彬长煤矿区	288.88	长武县亭口镇—彬州市炭店—旬邑县张洪镇
Z4	韩城煤矿区	981.75	韩城市桑树坪镇—新城街道
Z5	铜川焦坪煤矿区—旬耀煤矿区	594.61	宜君县太安镇—耀州区庙湾镇—旬邑县清源乡
Z6	铜川煤矿南区	304.67	铜川市黄堡镇—红土镇—广阳镇
Z7	蒲白澄合煤矿区	161.15	东起合阳县百良镇，西至白水县西界
Z8	渭北石灰岩开采区	379.68	蒲城县北部、白水县南部
Z9	淳化—泾阳建筑用石料开采区	387.25	淳化县南部与泾阳县交界处
Z10	金堆城钼矿区	312.31	华州区金堆城镇
Z11	太白—眉县非金属矿区	298.61	太白、眉县、岐山三县交界处
Z12	凤太铅锌矿区	1044.52	凤县南星镇—双石铺镇—太白县太白河镇
Z14	山阳—商南钒矿区	818.56	山阳县中村—商南县湘河镇
Z15	柞水—镇安金属矿区	1047.50	柞水县东川镇—下梁镇—镇安县青铜关
Z16	旬阳铅锌矿区	512.02	旬阳县甘溪—关口镇
Z17	紫阳非金属矿区	477.10	紫阳县燎原镇—嵩坪镇
Z18	镇巴—紫阳县石煤矿区	808.51	镇巴县仁村—紫阳县高桥镇
Z19	汉阴金矿区	99.12	汉阴县双河口—铁佛寺镇
Z20	南郑金属矿区	189.88	南郑区碑坝镇—福成镇
Z21	汉台—城固非金属矿区	431.29	汉台区河东店镇—城固县小河镇
Z22	略勉宁金属矿区	997.04	略阳、勉县、宁强三县交界处

王益区桃园煤矿废弃矸石山综合治理项目治理前

王益区桃园煤矿废弃矸石山综合治理项目治理后（1）

王益区桃园煤矿废弃矸石山综合治理项目治理后（2）